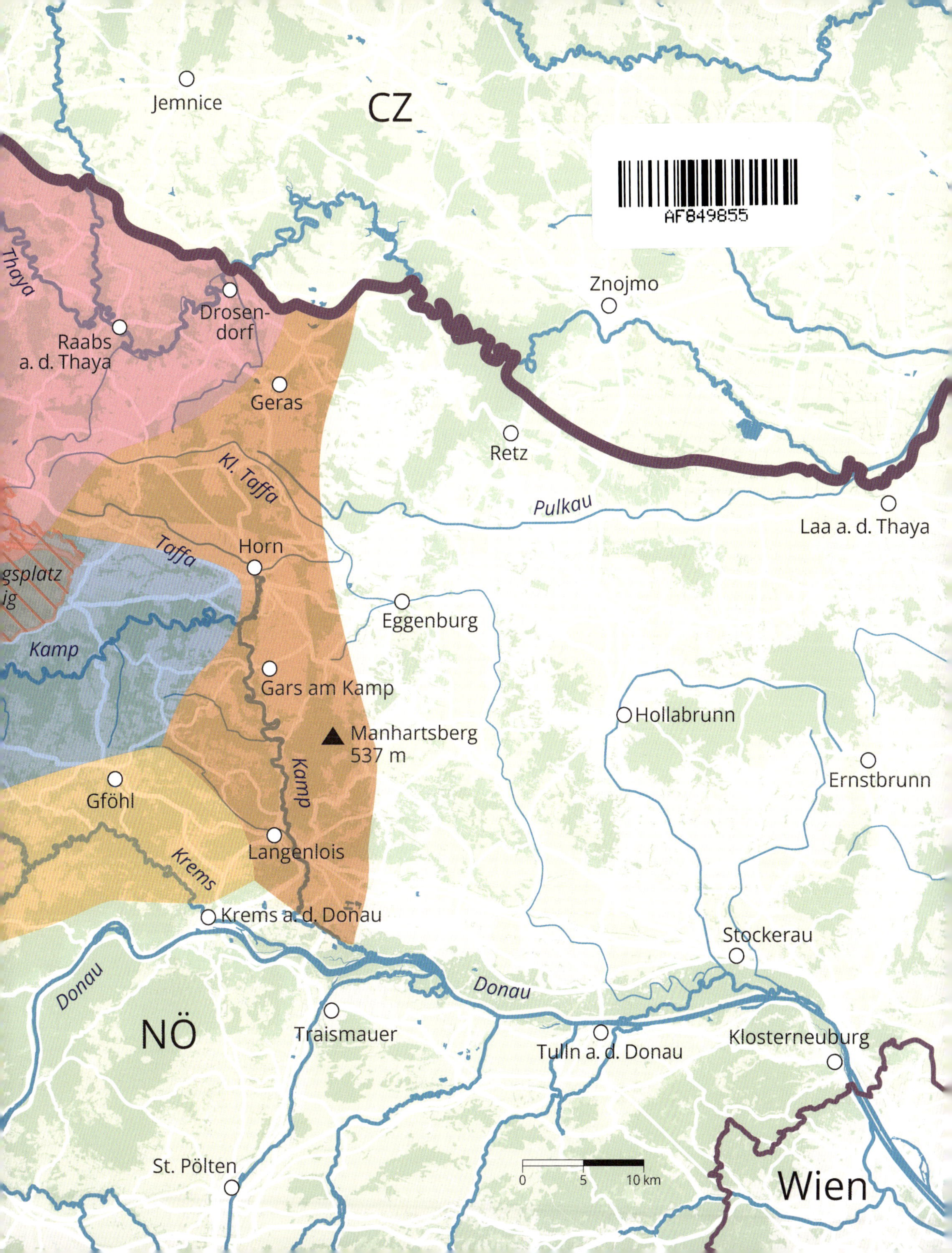
CZ
Jemnice
Znojmo
Drosen-
dorf
Raabs
a. d. Thaya
Thaya
Geras
Retz
Kl. Taffa
Pulkau
Laa a. d. Thaya
Taffa
Horn
gsplatz
ig
Eggenburg
Kamp
Gars am Kamp
Hollabrunn
Manhartsberg
537 m
Ernstbrunn
Kamp
Gföhl
Langenlois
Krems
Krems a. d. Donau
Stockerau
Donau
Donau
Traismauer
Tulln a. d. Donau
Klosterneuburg
NÖ
St. Pölten
0
5
10 km
Wien

Das Waldviertel
von oben

Franz X. Bogner

Das Waldviertel von oben

Wald und Wasser auf Granit und Gneis

W-H EDITION WINKLER-HERMADEN

Zum Umschlagbild:
Das Titelbild bietet einen Blick auf die Waldviertel-Hochfläche samt der Burg Rosenburg.

Die Karte auf Vor- und Nachsatz wurde von Michaela Köck auf Basis von OpenStreetMap.org gestaltet.

Hauptstraße 37, A-2123 Schleinbach
info@edition-wh.at
www.edition-wh.at
ISBN 978-3-9505534-1-3
Layout: Ecker-Design, A-2020 Hollabrunn
Gedruckt in der EU bei Finidr s.r.o.

Inhalt

Burg Rappottenstein am Kleinen Kamp ist ein Masterplan einer effektiven mittelalterlichen Burg. Wer hier eindringen wollte, brauchte mehrere Leben.

Vorwort

Der Ausblick von markanten Befestigungsanlagen des Waldviertels lässt Besucherinnen und Besucher die Weite des Landes erahnen. Über die Ruine Kollmitz im Bezirk Waidhofen an der Thaya wird im Jahr 1929 berichtet, dass diese immer mehr dem Verfall preisgegeben sei. Der Turm war damals nicht mehr zugänglich, denn die Turmstiegen und Decken waren eingestürzt. Dem Besucher und der Besucherin blieb im Bereich des Turms nur ein Blick nach unten oder oben. Ein Aufstieg war schlicht nicht möglich. Über den Ausblick von oben konnte nur spekuliert werden. In der Zeitschrift „Das Waldviertel" träumte Ignaz Jörg vom Blick in die Weite des oberen Waldviertels: „Ein Ausblick von der Turmkrone in das gewundene, tiefe Thayatal und stellenweise über seine hohen Talwände hinaus müßte aber ein überwältigender sein."

Anfang des 20. Jahrhunderts war nur wenigen Menschen ein Blick von oben, aus der Vogelperspektive, vergönnt. Es waren Pioniere der Lüfte. Einer davon war der Pilot Karl Illner, der 1910 mit einem Flugzeug von Wien nach Horn flog. Er orientierte sich an markanten Gebäuden – etwa an den Türmen des Schlosses Maissau oder an der Wallfahrtskirche Maria Dreieichen. Ob er bei seiner fliegerischen Pionierleistung auch die Schönheit des Landes genießen konnte, ist nicht bekannt.

Jahrzehnte später fanden ab den 1980er-Jahren Luftbildaufnahmen Einzug in die Haushalte. Flugzeuge oder Hubschrauber überflogen damals die Region und fotografierten die Wohnhäuser. Die ausgearbeiteten Luftaufnahmen wurden den Bewohnerinnen und Bewohnern zum Kauf angeboten. Eines Tages stand ein Mann mit Luftbildern unseres Wohnhauses vor der Haustür. Meine Eltern erwarben damals ein Foto, das auch Jahrzehnte später immer noch im Vorzimmer hängt. Es war für uns alle ein völlig neuer Blick auf unser Zuhause.

Betrachtet man das Bild, so zeigt sich auf den ersten Blick, dass das Dach des Hauses unverhältnismäßig viel Platz einnimmt, gekennzeichnet durch ein gräuliches Rechteck in der Mitte des Bildes. Ebenso grau zeigen sich die angrenzende Straße sowie die Zufahrt. Diese von Menschen geschaffenen Strukturen sind vom Grün der Wiese und des Gartens umrandet. Deutlich erkennbar sind ein angelehntes Fahrrad an der Hausmauer, die frisch aufgehängte Wäsche an der Wäschespinne und der prächtige Blumenschmuck am Balkon, der damals Preise des Dorfverschönungsvereins gewann. Im Vordergrund ist die Begrenzung des Gartenzauns an der Grundstücksgrenze klar zu sehen – eine künstliche Barriere, die den Garten vor den Schafen des Nachbarn schützen sollte. Trotzdem verirrte sich dann und wann eines auf unser Grundstück. Im Gegenzug nutzten mein Bruder und ich im Winter den idealen Hang unseres Nachbarn für unsere Bobfahrten.

Bei der Luftbildaufnahme des elterlichen Hauses fehlen jedoch die wesentlichen Elemente unseres Lebensalltags: Man sieht keine spielenden Kinder, keine umsorgenden Eltern, keine Dynamik und kein Leben. All das bleibt verborgen – und das ist gut so. Es war unsere Welt in unserem privaten Mikrokosmos. Der Blick von oben eröffnet eine neue Perspektive, eine Makroebene, die unseren gewohnten Blickwinkel ergänzt und verändert. Beide Ebenen – Frosch- und Vogelperspektive – zeigen in ihrer eigenen Sichtweise Gemeinsamkeiten und zugleich Unterschiede.

Mittlerweile ist der Blick von oben alltäglich geworden. Der Traum vom Fliegen ist erschwinglich und nichts Besonderes mehr. Ballonfahrten sowie Hubschrauberflüge erfreuen sich großer Beliebtheit, und nicht zuletzt ist das Passagieraufkommen durch Nah- und Fernreisen mit dem Flugzeug gestiegen. Auch wenn es immer spannend ist und bleibt, einen Blick aus dem Fenster eines Flugzeugs zu werfen, es ist meist nur ein flüchtiger Blick. Mit der Gewohnheit tritt das Besondere ins Hintertreffen.

Um dies zu verhindern, braucht es ein geschultes Auge, das uns die oft verborgenen Details näherbringt, uns auf die Besonderheiten der Natur hinweist und sie in einen größeren Zusammenhang stellt. Was bedeutet die Zunahme oder die Abnahme von Waldflächen? Wie verändern sich Flüsse und Landschaften? Wie entwickelt sich der Lebensraum für Mensch und Tier? Was wird verbaut, was geschützt?

Der Blick von oben verändert unsere Wahrnehmung. Er eröffnet neue, bislang verborgene Perspektiven auf den natürlichen und vom Menschen gestalteten Lebensraum. Dieser Zugang schärft unser Bewusstsein für die gemeinsame Welt, in der wir leben und uns entfalten. Letztlich liegt es an uns, wie wir sie gestalten, und genau darüber lohnt es sich nachzudenken. Die hier vorliegenden Luftaufnahmen – mit ihrer einzigartigen Vogelperspektive auf unser Viertel – laden dazu ein.

Markus Holzweber

Mag. Dr. Markus Holzweber ist seit 2008 Redaktionsleiter der Zeitschrift „Das Waldviertel".

Prolog

Der vorliegende Luftbildband kann und will kein neues Sachbuch über das Waldviertel sein, dafür reichen 180.000 Zeichen nicht einmal im Ansatz aus. Es existiert bereits eine beeindruckende Sammlung fundierten Wissens, und man könnte versucht sein, Johann Wolfgang von Goethe (1749–1832) zu zitieren: „Alles Gescheite ist schon mal gedacht worden, man muss nur versuchen, es noch einmal zu denken."

Einen Luftbildband über das Waldviertel gibt es aber nicht. Er kann sich auf ein Sichten, Ordnen und die Darbietung komplexen Wissens konzentrieren und sogar einen austarierten „Mut zur Lücke" propagieren – jede Lehrkraft kennt aus der täglichen Unterrichtspraxis den berühmten Didaktik-Spruch „Weniger ist mehr" –, der zwar von Lehrplänen schon vorgefiltert ist, aber dennoch tagtäglich subjektive Züge der Stoffauswahl tragen muss.

Dieser Luftbildband ist etwas komplett Neues und ermuntert uns mit der ungewöhnlichen Perspektive des Luftbilds zum Zwiegespräch, indem er uns mit den „Augen der Götter" Alltägliches und Altbekanntes in anderer Perspektive zeigt, dadurch unsere individuelle Neugierde weckt und uns sodann in intensive Zwiegespräche treten lässt. Der völlig neue Blick von oben erlaubt spannende Sichtweisen, die wir am Boden oft nicht haben, er zeigt uns das Zusammenwirken von Tradition, Fortschritt und Natur – und natürlich das Einmalige des Waldviertels.

Bücher sind immer etwas ganz Persönliches, schließlich muss ein Autor letztlich immer eine harte Auswahl in Bild und Text treffen. Luftbilder haben es aber in sich, muss doch der Fotograf innerhalb von Sekundenbruchteilen entscheiden, welcher Ausschnitt aus dem Ganzen abgebildet und damit in den Vordergrund geschoben werden soll. Bücher sind gleichzeitig immer etwas Endgültiges, gedruckt ist schließlich gedruckt und kann nicht mehr geändert werden.

Waren Luftbilder zunächst wegen der enormen technischen Herausforderungen nur eine Sache der Militärs, sind sie inzwischen demokratisiert. Die Kameratechniken sind verlässlicher, bürokratische Genehmigungshemmnisse sinnlos geworden. Seit uns unzählige Satelliten rund um die Uhr beobachten, darf nun endlich auch jeder fast ohne Einschränkungen seine Umgebung aus der Luft ablichten. Zudem haben wir übers Internet weltweit kostenlosen Zugang zum Luftbild: Jeder kann seine Heimat, sein Haus, seine Straße oder was auch immer „ergoogeln".

Damit uns Luftbilder jenseits bloßer dokumentarischer Couleur affektiv überzeugen können, müssen sie emotional unsere Bildsattheit überspringen und unser Interesse einfangen. Ähnlich wie vor gut 125 Jahren gegenständliche Malerei auf einmal von der authentischeren Fotografie in die Zange genommen wurde und ins impressionistische Abstrakte ausweichen musste, um noch eine Marktnische zu behalten, müssen heute Luftbilder mit kostenlos verfügbaren (dokumentarischen) Google-Maps-Bildern konkurrieren. Für Luftbilder zahlen wir höchstens noch, wenn sie etwas Besonderes bieten. Nur bestens austarierte emotionale Luftbilder können unseren kritischen, individuellen Bildfiltern standhalten. Luftbilder müssen mehr sagen als tausend Worte, sie müssen uns zum Bildlesen verführen können.

Dabei entsteht jedes Luftbild unter erschwerten Bedingungen. Es muss in Sekundenbruchteilen gute Struktur ins Bild bekommen, schließlich werden Flugzeuge durch enorme Geschwindigkeiten in der Luft gehalten. Vergleiche mit einem Fotografieren bei Autobahngeschwindigkeiten lassen ganz gut den Kern auftretender Probleme erahnen. Wer schon selbst versucht hat, Luftaufnahmen zu machen, kann ein leidvolles Lied von den Schwierigkeiten singen. Bei Bodenbildern sichern dagegen moderne „Kamerawunder" hochwertige Aufnahmen nahezu selbsttätig. Dies allein mag den Niedergang von Boden-Bildbänden erklären – sowie gleichzeitig die stabile Marktnische meiner Dachmarke von Kultur- und Natur-Luftbildern.

Großformatige Luftbilder tendieren dazu, aus sich herauszutreten und uns als potenzielle Betrachter einzufangen. Sie haben nicht immer die Dichte fein ausgearbeiteter Tiefenwirkung, vielmehr halten sie die Distanz des flächig Bildhaften aufrecht. Der Fotograf wandelt damit auf den Spuren des Zeichnerischen und muss die dritte Dimension im zweidimensionalen Bild einbringen. Hier kommen die Schattenwürfe ins Spiel, die überzeugende Räumlichkeit suggerieren und aus zweidimensionalen Flächen (wieder) dreidimensionale Räumlichkeit machen müssen. Emotionale Luftbilder könnte man daher auch als Heliografien bezeichnen, da sie ohne Sonne (helios) keine Schatten schreiben können (graphein = schreiben).

Warme Bildfarben verleihen über ausbalancierte Farbnuancen impressionistische Strukturen und überspringen erfolgreich unsere haushohen Bildschranken, sodass wir uns auf sie einlassen. Luftbildbände entfalten in der konsekutiven Sequenz ihre volle Wirkung im Nebeneinander des Ähnlichen und bringen die Einzigartigkeit einer Region in ihrer ganz individuellen Identität zur Geltung – ohne im üblichen Chaos purer Verschiedenartigkeiten unterzugehen.

Luftbilder müssen Kunstwerke sein, auch wenn die „Kunst" lange Zeit auf die Fotografie herabblickte: Dabei beruht unsere Bewunderung großer (alter) Meister auf deren Fähigkeit, Natur zu komponieren. Natur besitzt eine Schönheit, die kein Künstler wirklich abzubilden vermag. Fotografie kann zumindest hin und wieder mit viel Glück einen Zipfel davon überzeugend einfangen.

Emotionale Luftbildfotografie braucht frühes Morgen- und spätes Abendlicht, wenn die Blauanteile im Licht die Motive nicht erdrücken. Sie braucht die Vision eines Caspar David Friedrich (1774–1840), der lange vor der Erfindung der Fotografie mit romantisch überhöhten Landschaften seine Mitmenschen zum Hinschauen anzuregen verstand. Seine sanft-farbig herausgearbeiteten Sehnsuchtsbilder wie der „Mondaufgang am Meer", „Das Eismeer" oder „Der Wanderer über dem Nebelmeer" vereinigen Sehnsucht mit Landschaft, zeigen Einsamkeit und Hoffnung, prägen mit Stimmungen und Emotionen ein melancholisches Weltverständnis. Ein Rezensent brachte Friedrichs Kunst folgendermaßen auf den Punkt: „Er atmete Natur ein und Kunst aus." Seine einmaligen Bilder machten Landschaft zu Bildankern mystischer Orte, fingen mit Licht und Farben Stimmungen ein und kulminierten in wirkmächtigen Bildkompositionen. Er komponierte seine gemalten Landschaften nach dem Goldenen Schnitt und begleitete das Auge des Betrachters durch seine Bilder. Heute, zwei Jahrhunderte später, ist er der unangefochtene „Popstar der Stille" und löst geradezu eine Friedrich-Manie aus. Seine Bilder strahlen unendliche Sehnsucht gepaart mit eigenartigem Licht aus, die ausdrucksstarken Gemälde bilden im Kern nicht die Natur als Sujet ab, sondern konzentrieren sich auf eine ehrfurchtsvolle Beziehung zwischen Mensch und Natur.

In der Fotografie ist allen Algorithmen zum Trotz ein Abbilden im Sinne Friedrichs schwierig geblieben. Stimmungen können nicht mit dem Malerpinsel fantasievoll hinzuerfunden werden. Der Fotograf muss zum richtigen Zeitpunkt vor Ort sein und die Mutter Natur ihre emotionalen Bilder malen lassen. Er wird zum Fänger natürlicher Stimmungen. Klingt einfach, ist aber anspruchsvoll. Für emotionale Luftbildfotografie muss man zu früher Morgenstunde in der Luft sein – doch genau dann sind Flugplätze normalerweise geschlossen. Der logistische Aufwand, um im ersten Sonnenlicht abheben und im letzten wieder aufsetzen zu können, ist enorm. Das meist instabile mitteleuropäische Wetter erfordert nicht selten einen kurzfristigen Zuruf, wenn sich tatsächliches Wetter wieder partout nicht an Vorhersagen halten will oder ein Regentief schneller als prognostiziert seinen Geist aufgibt.

Ein fertiger Luftbildband ist daher immer die Zeit und Gelegenheit zum Danksagen. Zuallererst meinen Piloten Helmut Greiner, Michael Sturm sowie Sebastian Fessl. Ohne diese engagierten Piloten würde es dieses Buch nicht geben. Mindestens einmal pro Saison treffen sich Pilot, Fotograf und Flugaufsicht erfolglos bei Sonnenaufgang am Platz, und nicht vorhergesagter dichter Morgennebel will sich partout nicht auflösen. Dieser enorme Aufwand an Zeit und Kosten ist es, der meine Kultur- und Natur-Luftbildbände nahezu konkurrenzlos macht, selbst wenn Nettogewinne meist außer Reichweite sind. Meine bisherigen Luftbildbände sprechen aber die eindeutige Sprache, Käufer überzeugt zu haben. Last, but not least wären all die schönen Luftbildaufnahmen nichts ohne ein engagiertes Layout, das aus den vielen Einzelbildern letztlich ein ansprechendes Buch macht. Sehen Sie selbst, dass dies erneut gelungen ist. Viel Freude mit dem Luftbildband!

Prof. Dr. Franz X. Bogner

Das Waldviertel

Das Waldviertel ist heute in fünf Verwaltungsbezirke unterteilt, Wirtschaftskraft und Einwohnerzahlen waren dafür die Entscheidungsgrundlagen. Geologisch betrachtet ist das Waldviertel homogenes Granitland der Böhmischen Masse, die bis über die Wachau hinausreicht. Geografisch unterteilen sechs Flüsse das Viertel. Da die historische Erschließung der Region zunächst über die Flüsse erfolgte, können sie heute noch entscheidend zum Verständnis beitragen: Das Einzugsgebiet der Lainsitz definiert das obere Waldviertel (das gleichzeitig die Wasserscheide zur Elbe markiert), das Thayatal ist selbsterklärend, das Kamptal lässt sich in oberes Kamptal (mit seiner West-Ost-Ausrichtung) und unteres Kamptal (mit seiner Nord-Süd-Ausrichtung) unterteilen, gefolgt vom deutlich kleineren Kremstal sowie der Ysper (und dem Weitenbach) im südlichen Waldviertel. Dieser Unterteilung folgt in dieser Konsequenz die Kapiteleinteilung dieses Luftbildbandes.

Waldviertel-Land ist Granit- und Gneis-Land. Nirgendwo in Österreich ist die Erde älter als hier. Im Osten herrscht stärker verwitterter Gneis vor. Er bietet weitgehend ebene Hochflächen: Der granitene Westen dagegen erinnert immer wieder mit seinen vielen Waldkuppen an die Voralpen. Alle Flüsse des Waldviertels haben sich am harten Granit abgearbeitet und zum Teil tiefe Täler geschaffen. Auf der ansonsten welligen Rumpffläche sind Granitblöcke als Restlinge oder Wackelsteine zurückgeblieben. Zum geologischen Alter haben Touristiker einprägsame Schlagzeilen wie „Kamptal – Millionen Jahre jung“ parat. Gerne erinnern wir uns an den bekannten Schülerspruch: „Feldspat, Quarz und Glimmer, die drei vergess ich nimmer.“ Trotz aller Felsenhärte wurde im Lauf der Jahrmillionen aus dem Variszischen Gebirge, das so hoch wie der heutige Himalaja war, schließlich ein Mittelgebirge. Überall fraß die tägliche Wettererosion Millimeter um Millimeter vom Gestein, auch wenn Granit noch so hart und unnahbar sein mag. Physikalische und chemische Prozesse nagten an den Granitkanten, sodass sie heute wie übereinandergestapelte Wollsäcke aussehen. Bei der Alpenbildung agierte das Waldviertel schließlich als eine Art „Widerlager“, was zu seiner leichten Südost-Neigung führte und seither nahezu alle Flüsse zur Donau entwässern lässt.

Das „Woidviertl“ wird zunehmend auf Plakaten oder Schildern im gesprochenen Wortlaut geschrieben. Der alte Nordwald oder „Silva Nortica“ der Römerzeit ist heute noch knapp zur Hälfte erhalten. Die Wiener Obrigkeit wollte zwischendurch mit der Bezeichnung „Viertel ober dem Manhartsberg“ erfolglos einen anderen Namen durchsetzen. Als lang gestreckter Höhenzug markiert der Manhartsberg (537 Meter) zwar eine weitgehend natürliche Ostgrenze zum Weinviertel, der Name Waldviertel war jedoch naheliegender. Schließlich hat es mit viel Wald etwas zu bieten, wovon der Rest Mitteleuropas allenfalls träumen kann. Dieses Alleinstellungsmerkmal ist ein enormes Kapital, das schon einmal als „Währung der Einsamkeit“ betitelt wurde. Einst bot sich dieser weite Wald als Rückzugsort an, durchaus auch als Versteck oder Fluchtort.

Das Waldviertel ist dabei nur der kleine Rest eines einst riesigen Waldgebiets bis hinauf nach

Seite 16 und 17: In der Rodungssiedlung Matzles, heute ein Ortsteil von Waidhofen an der Thaya, zeigt sich die ursprüngliche Ackerland-Zuordnung der einzelnen Höfe.

Die Grenzwälder zu Oberösterreich zeigen typische Rodungsinseln, wie hier im Ortsteil Kleinpertenschlag der Gemeinde Altmelon.

Manche Rodungsinseln sind selbst nach Jahrhunderten noch klein geblieben, wie hier in der Gemeinde Senftenberg.

Manche Lichtungen sind sehr einsam (wie hier bei Unterdobrawaldhütten).

Finnland. Der Wald ist ein Synonym für Langlebiges, schließlich dauert sein Heranwachsen Generationen. Er ist ein gewachsener Reichtum. Manche Autoren umschreiben „Waldviertelei“ als seltsame Mischung aus herausgehobenem Bewusstsein mit einem schnelllebigen „Stoderer“-Leben. Hier ist man stolz auf die eigenen Wurzeln. Ludwig Ganghofer (1855–1920), Förstersohn und legendärer bayerischer Heimatdichter, brachte seine Waldvergangenheit so auf den Punkt: „Wald und Bergluft haben mich zur Furchtlosigkeit erzogen, zu gläubiger Lebensfreude, zu dankbarem Staunen vor aller Schönheit, zur Wissenschaft von der ewigen Wiederkehr des Frühlings.“ Dem ist auch ein gutes Jahrhundert später wenig hinzuzufügen.

In der Antike suchte Marcus Tullius Cicero (106–43 vor Christus) nach dem Tod seiner Tochter ganz bewusst die Einsamkeit des Waldes. Plinius der Jüngere (62–113 nach Christus) schrieb euphorisch: „Silvae et solitudines cogitationis incitamenta“ (Wald und Einsamkeit regen das Denken an). Publius Cornelius Tacitus (58–120 nach Christus) schwärmte vom Mythos des germanischen Waldes, obwohl gerade dieser den Römern seit der desaströsen Varusschlacht im Teutoburger Wald im Jahr 9 nach Christus nicht geheuer war. Man mauerte sich deshalb lieber mit dem Limes ein.

Erst mit der Romantik wurde der Wald als etwas rundum Positives entdeckt. Er mutierte zum Sehnsuchtsort. Lobgesänge auf den Wald wurden fast Alltag, ganz nebenbei nahm man die vielen Sagen des Waldviertels als einmaliges Kulturgut wahr. Der Wald war fortan nicht mehr unheimlich oder gar furchterregende Heimat von Räubern. Die schwärmerische Waldbegeisterung der Romantik ließ nahezu jeden Autor dieser Zeit dazu schreiben. Ludwig Tieck (1773–1853) thematisierte etwa die Waldeinsamkeit, Johann Wolfgang von Goethe schrieb die naturmagische Ballade des „Erlkönigs“ („Wer reitet so spät durch Nacht und Wind“), und die Gebrüder Grimm (Jakob, 1785–1863; Wilhelm, 1786–1859) sammelten alle greifbaren Märchenerzählungen. In ihnen ist der Wald ein magischer Ort, der aber meist für einen guten Ausgang steht. Gretel rettet ihren Bruder Hänsel vor der Hexe, das tapfere Schneiderlein überlistet zwei Riesen, die Bremer

Stadtmusikanten verjagen eine Räuberbande. Der Wald ist damit nicht mehr nur eine Ansammlung von Bäumen, sondern auch Sehnsuchtsort der Einsamkeit und Inspiration für Sehnsüchte. Heute ist der Wald Heimat für die gefährdete Artenvielfalt und akribisch erforschter Gegenstand der Naturwissenschaft. Für wandernde Naturfreunde wurde er zur Keimzelle der frühen Naturschutzbewegung. In unserem Gedankengut hat er fast ohne Konkurrenz seinen festen Platz.

Geringe Bevölkerungsdichte und „bodenhaftende" Kultur dürften die übergroße Attraktivität des Waldviertels ausmachen: Hier finden Besucher, was ihnen zu Hause fehlt. Geringe Zahlen ökologischer Fußabdrücke erlauben ja fast automatisch eine hohe ökologische Dynamik. Nicht umsonst definieren sich Waldviertler stolz über ihr Wenig-Sein, hier müssen keine ansonsten üblichen Täter-Opfer-Umkehr-Schemata eingeschummelt werden. Im Waldviertel wohnen auf rund 4600 Quadratkilometern etwa 216.000 Einwohner (Stand 2024). Das sind mit weniger als 47 pro Quadratkilometer zwar noch keine skandinavischen Verhältnisse, man kommt damit aber mit der Hälfte der Größenordnung des Landes Österreich (109 pro Quadratkilometer) oder Frankreichs (123 pro Quadratkilometer) aus, von Deutschland gar nicht zu reden (238 pro Quadratkilometer). Zwar konnotieren manche das Waldviertel als ewige Abwanderungsregion und belegen die Abgeschiedenheit mit abwertend negativem Zungenschlag, doch stehen dahinter keine belegbaren Zahlen. Man muss daher immer fragen: Cui bono? Dem sanften Tourismus jedenfalls bieten sich hervorragende Musterchancen, kann er doch anbieten, was andernorts längst vernichtet ist. Vom Fehlen der üblichen Neubausünden gar nicht zu reden: Anders als sonst in Europa kommen hier erstaunlich viele Ortschaften ganz ohne Metastasen an Neubaugebieten aus.

Das Waldviertel ist spätestens seit der Jungsteinzeit besiedelt. Zunächst wurden die guten Lagen auf den Donauterrassen gerodet, dann arbeitete man sich peu à peu den Flussläufen folgend in das einst riesige Waldgebiet vor. Es war die Zeit des ersten Sesshaftwerdens, als der Mensch Getreide zu domestizieren begann. Dieser Züchtungsschritt hatte eine enorme Bevölkerungszunahme zur Folge und damit eine Ausweitung der Siedlungsräume. Der Übergang von der Alt- zur Jungsteinzeit war de facto ein schonungsloser demografischer Wandel. Domestizierte Nutzpflanzen sind für die Archäologie daher heute das entscheidende Kriterium, um nomadische Alt- und sesshafte Jungsteinzeit zeitlich voneinander abzugrenzen. Ziemlich zeitgleich geschah dieser revolutionäre Übergang im fernen China mit Reis, in Mittelamerika mit Mais, in Südamerika mit Kartoffeln und in Afrika mit Hirse. Die Landwirtschaft wurde also mehrmals unabhängig voneinander erfunden. Das Waldviertel mit seinen schier unendlichen Wäldern war offenbar eine ideale Keimzelle eines sicheren Sesshaftwerdens.

Zur Römerzeit lag das Waldviertel immer außerhalb des Imperiums, ohne dass man aber nördlich des Donaulimes vor römischen Legionären sicher war. Zwar drohten immer wieder Strafexpeditionen, die gewaltige Sogwirkung des ständigen Lockrufs des Goldes auf junge Talente im Waldviertel war jedoch viel desaströser. Heute würde man von Pull-Effekten sprechen. Dies war vor allem ab dem Jahr 212 der Fall, als Rom sich zum bedingungslosen Zuwanderungsland erklärte und auf einen Schlag 30 Millionen Neurömer auf dem Papier „hinzugewann": Jeder konnte fortan ohne Gegenleistung römischer Bürger werden. Aufgrund endloser Schuldenspiralen trotz ständiger Steuererhöhungen war das stolze Imperium Romanum längst zum bankrotten Staatsbetrieb mutiert. Vorher hatte sich jeder Migrant römisches Bürgerrecht hart erarbeiten müssen, beispielsweise hatte man 25 Jahre Kriegsdienst samt ehrenvoller Entlassung einzubringen. Nun verkam Migration von der harten Bringschuld zur beliebigen Holschuld. Dementsprechend begann eine scharenweise Zuwanderung ins Römerreich, und die neuen Bürger blieben der Einfachheit halber gleich unter sich, selbst vorgetäuschte Integration wie zu Zeiten von Kaiser Augustus war nicht mehr erforderlich. Migranten wurden sogar in höchste Staatsämter durchgereicht, politische Entscheidungen folgten nicht mehr der „res publica". Rom begab sich damit auf seine „letzte Meile", sind doch Gesellschaften immer an Einwanderung oder Naturzerstörung zugrunde gegangen, manche an beidem. Schließlich beendete ein Putsch von Zuwanderern das Römerreich, was zum Startsignal dafür wurde, dass sämtliche Parallelgesellschaften übereinander herfielen. Jeder Clan wollte andere über die Klinge springen lassen. Ein fränkischer Warlord namens Clodwig (466–511) war schließlich obenauf und löschte sukzessive alle anderen Gruppen aus. Bis allerdings fränkischer Einfluss auch ins Waldviertel kam, dauerte es noch: Erst Karl der Große (768–814) etablierte die „Karolingische Mark".

Die Rugier im Waldviertel sind ein konkretes Schicksalsbeispiel für eine Gruppe von Einwanderern zur Römerzeit. Aus der Lebensbeschreibung des heiligen Severin (410–482) wissen wir von diesem „kriegerischen Volk mit ausgeprägtem Stammesbewusstsein", das von Viehzucht, einfachem Ackerbau und vor allem von regelmäßigen Raubzügen ins Römerreich lebte. Drei Jahrhunderte früher, zu Zeiten von Tacitus (58–120 nach Christus), lag ihr Siedlungsgebiet noch an der Ostsee, danach sickerten sie sukzessive ins Waldviertel ein. Ihre Häuptlinge wechselten immer wieder bedenkenlos die Seiten, je nachdem, was gerade mehr Vorteile versprach. Man hatte sich als Hilfstruppen Roms verdingt, wirkte aber dennoch 476 am Sturz des letzten weströmischen Kaisers mit. Im Migrantenkodex gab es keinen Ehrenkodex, man prostituierte sich dem Meistbietenden. Rückschauend überlebten dennoch nur vergleichsweise wenige Clans die ersten Jahrzehnte nach dem Fall Roms. Für die Rugier zahlte sich das jahrzehntelange Rauben und Morden jedenfalls nicht aus, ebenso wenig ihre Beihilfe zum Sturz Roms, das ihnen immerhin Asyl gewährt hatte. Ihr Volk war nicht einmal 100 Jahre nach dessen Untergang im Kampf der Clans untereinander endgültig aufgerieben, Rugier gab es fortan nicht mehr. Spitze Zungen sprechen im größeren Kontext seither vom 1500-jährigen Bürgerkrieg Europas, bis die „Pax Romana" endlich zur „Pax Europaea" zu werden versprach.

Die flächendeckende Besiedlung des Waldviertels brauchte mehrere Anläufe nach dem Kollaps des Imperium Romanum. Zwar hatte es unter Karl dem Großen schon erhebliche logistische Anstrengungen gegeben (Karolingische Mark), die aber machten die ständigen Ungarneinfälle zunichte. Erst nach der ultimativen Niederlage der Ungarn im August 955 auf dem fernen Lechfeld hatten Siedlungen dauerhaften Bestand. Mit der Gründung der „Ottonischen Ostmark" wurden systematisch bayerische und fränkische Siedler angeworben. Von nun an arbeiteten sich angeworbene Siedler Generation um Generation auch ins Waldviertel vor, die Ortsnamen der von ihnen gegründeten Siedlungen enden heute noch auf „-schlag", „-reuth" und „-reith". Auf dem Regensburger Reichstag 1156 wurde schließlich die Ostmark zum eigenen Herzogtum erhoben (und damit vom Herzogtum Bayern abgespalten). Die bayerischen Bistümer Freising, Passau und Regensburg behielten aber ihren umfangreichen Landbesitz und blieben die Hauptakteure lokaler Rodungen. Damals hieß das Waldviertel „Nortvalt", was bald zu „Waldmarch" oder „Waldmark" geschliffen wurde. Zum Waldviertel wurde es namentlich erst mit der verwaltungsmäßigen Vierteleinteilung in der Neuzeit.

Im Schlepptau der Obrigkeiten kamen rührige Dienstmannen, die ihrerseits über Rodungen ihre Machtbasis erweiterten. Hier sind die Kuenringer zu nennen, die, aus Sachsen stammend, schnell Karriere machten. Laut einer Urkunde aus dem

Jahr 1056 begann bei ihnen alles mit drei Königshufen (141 Hektar) Land. Diesen Besitz weiteten sie systematisch mit gezielten Rodungsplanungen aus. Ihr Name ist heute noch in Namen von Gasthöfen, Tavernen und Wanderwegen präsent. Im nahen Zwettl wurden sie 1137 zu Gründern des Stifts. Ihr Ringwappen (ein roter Ring auf einem silbernen Hintergrund) steht denn auch dominant im Zwettler Stifterbuch (der sogenannten Bärenhaut). Dieses Wappen wird daher gern als „Ring des Kühnen" gedeutet („hie habent die chuenen ditz landes an einem ring"). Mit zunehmender Machtposition mischten sie sich kräftig in die Landespolitik ein, waren beispielsweise federführende Spitze des Aufstands gegen die Babenberger und opponierten gegen die frühen Habsburger. Gerade Letzteres erwies sich für sie als desaströser Bumerang, als die Habsburger schließlich zu Gewinnern des Machtspiels wurden. Der Ast der Kuenringer wurde ein absteigender, sie gingen nach und nach all ihrer Privilegien und Ländereien verlustig. Der Letzte ihres Stamms starb verarmt.

1595 schwappte der oberösterreichische Bauernaufstand ins Waldviertel über. Auslöser waren die maßlosen Abgabenlasten und unentgeltlichen Fronforderungen der Obrigkeiten. Spätestens als Martin Luther (1483–1546) seine Thesen an eine Kirchentür nagelte, gärte es in ganz Mitteleuropa. Der umtriebige Mönch beerdigte nicht nur die Gotik, sondern bediente auch längst angestaute Befreiungssehnsüchte („Als Adam pflügte und Eva spann, wo war denn da der Edelmann?"). Die Bauern witterten das Recht auf Freiheit von Fron und auf ein auskömmliches Leben. Im Waldviertel wurden Luthers Visionen begierig aufgenommen – auch dann noch, als der Reformator längst auf die Seite der Mächtigen gewechselt war.

Im Waldviertel gesellten sich als Auslöser außerdem die zusätzlichen Türkensteuern hinzu, die für die Rückeroberungsfeldzüge gegen die ständige Türkengefahr erhoben wurden. Die Bauern hatten fast keine Zeit mehr, ihre Felder zu bewirtschaften und damit ihre Abgaben zu erwirtschaften. In Dobersberg, Pöggstall, Arbesbach und Vitis formierten sich aufständische Haufen. Bedenkt man die Zahlenverteilung zwischen dem Adel und der Masse der Bauernschaft, ist die gesellschaftliche Brisanz sofort verständlich, und das schon gut zwei Jahrhunderte vor der Französischen Revolution. Die Reaktion der Obrigkeit war konsequent grausam, angeheuerte Profisoldaten machten ganze Sache: Alle Anführer, soweit sie die Scharmützel überlebt hatten, wurden in ihren Heimatgemeinden hingerichtet.

Die schlimmsten Tragödien des Waldviertels haben mit den beiden Türkeninvasionen vor Wien zu tun. Zwar war das militärische Hauptgeschehen auf Wien konzentriert, doch massakrierten ganze Heerscharen das Umland und metzelten möglichst viele Ungläubige nieder. Obwohl die Erste Türkenbelagerung 1529 keine drei Wochen dauerte, überlebte dies im Umland ein Fünftel der Bevölkerung nicht. Wie durch ein Wunder konnten in Wien 17.000 Soldaten gegen etwa 150.000 Türken standhalten. Sie gaben ihr Letztes, den sicheren Tod im Fall eines türkischen Sieges vor Augen.

Weitere Katastrophen folgten, Dreißigjähriger Krieg sowie Zweite Türkenbelagerung lauten die tödlichen Schlagworte. Immer war zwar Wien das Ziel der Invasoren, aber auch das Umland wurde schwer in Mitleidenschaft gezogen. Die Zweite Türkenbelagerung 1683 mit 300.000 Angreifern machte ganz Niederösterreich menschenleer. Anschließend musste es von Grund auf wieder neu besiedelt werden, Neusiedler wurden aus der Steiermark, aus Oberösterreich, Tirol, Bayern, ja Schwaben angeworben (obwohl dort die Narben des Dreißigjährigen Krieges noch nicht verheilt waren).

Hätte es im August 1749 schon Zeitungen gegeben, wären Heuschreckenplagen das alles beherrschende Thema gewesen. Damals fielen riesige Schwärme aus dem Wiener Raum kommend im Waldviertel ein. Die Aufzeichnungen berichteten

Unterschiedliche Altersstrukturen zeigen deutlich, dass im Waldviertel immer wieder Holz „geerntet“ wird.

Rodungsinseln wie hier am Purzelkamp würden ohne ständige Bewirtschaftung wieder zu Wald werden.

„von einer ungemeinen Ungeziefers Quantität, zumalen aber noch alle Sommerfrucht, besonders der allschon abgemähte Haber auf der Braitte herumbligete, wurden solchen durch Zusammenhelfen aller Leuthen mit Geschoß, Schreyen, Schnalzen und klingenden Instrumenten endlich beweget, sich in ihrer Craftlosigkeit weiter hinaus [...] zu begeben, wo sie teils handhoch auf der Erd liegend, teil auf den Bäumen auf und übereinander hockend, zu übernachten gezwungen wurden. Folgenden Tags darauf wurde umb halber 6 Uhr frueh eine feyerliche Meß gelesen und der Rosenkranz unanimiter abgebetet, nach welcher man sich weidter in das Feld begäbe [...] da und dort Feuer angelegt und [...] gänzlich das schädliche Geschmais abgetrieben."

Wölfe und das Waldviertel sind heute wieder ein emotionales Thema. In der Vergangenheit war das Thema ausschließlich negativ besetzt, denken wir nur an die allbekannten Märchen. Auch Todesfälle sind vermerkt, wie etwa im September 1664 in Weitra, als „eine 27-Jährige von Wölfen" zerrissen wurde. Der Wolf war der Feind, er wurde geschossen, wo immer möglich. Kein Wunder, dass 1882 freudig endgültiger Vollzug gemeldet wurde, als der letzte Wolf getötet worden war. Heute ist er wieder zurück, nicht immer zu jedermanns Freude. Fotofallen haben erstmals 2016 im Natura-2000-Gebiet des Truppenübungsplatzes Allentsteig eine Wolfsfamilie aktenkundig gemacht. Wie überall in Mitteleuropa kamen sofort die üblichen Reflexe hoch, vor allem, als erste Weidetiere gerissen wurden. Es wird noch Zeit brauchen, bis sich alles eingespielt hat, schließlich ist der Wolf gekommen, um zu bleiben.

Mit dem Zerfall der Donaumonarchie kam schließlich Unheil von ganz anderer Seite. War die Landesgrenze nach Böhmen über Jahrhunderte eher theoretischer Natur gewesen, wurden auf einmal Schlagbäume aufgebaut. Die Siegerjustiz in Versailles hatte ohne Rücksicht auf Völkerrecht höchst problematische Fehlentscheidungen gefällt und im Fall des Waldviertels alle deutschsprachigen Nachbarregionen, die sich als breiter Geländesaum an die Nordgrenze anschlossen, gnadenlos abgeschnitten. Ein Drittel Böhmens war über Jahrhunderte hinweg deutschsprachig. In dieser Gemengelage hatten Nationalisten beiderseits der Grenze leichtes Spiel, die Stimmung aufzuheizen. Wie selbstverständlich wurde daher 1938 zusammen mit „Heim ins Reich"-Parolen ein „Reichsgau Sudetenland" geschaffen.

Nach der Nazi-Herrschaft schlug das Pendel 1945 zurück, spontane Vertreibungen arteten schnell zu blutigen, „wilden Vertreibungen" aus und kulminierten schließlich im Beneš-Dekret Nr. 108, das eine komplette ethnische Säuberung vorsah. Allein im Jahr 1946 wurden 2.256.000 Menschen ohne „Sack und Pack" vertrieben: Das besagte Dekret des Staatspräsidenten der Tschechoslowakei und Scharfmachers Edvard Beneš (1884–1948) ermöglichte die entschädigungslose Konfiszierung ihres gesamten Vermögens. Schreibtischtäter hielten solch gewaltige Bevölkerungsbewegungen offiziell für möglich, ohne Menschenleben zu gefährden. Die Wirklichkeit sah anders aus: Allein der berüchtigte Todesmarsch von Brünn kostete Ende Mai 1945 rund 5200 Deutschen das Leben. Im Friedhof in Waldkirchen wird an 25 Kleinkinder erinnert, die bei der Austreibung aus Iglau am 21. Juni 1945 den Hungertod starben. Verstehen konnte man es damals nicht, ebenso wenig wie heute. Heute ist es unsere Aufgabe, an einer Nimmerwiederkehr zu arbeiten.

Das Waldviertel wurde 1945 verwaltungsmäßig zur Beutezone der Roten Armee. Österreich war viergeteilt, Wien ebenfalls. Die sowjetische Besatzungszone umfasste das oberösterreichische Mühlviertel, ganz Niederösterreich und das Burgenland; anfangs waren 150.000 Rotarmisten auf österreichische Staatskosten stationiert. Es war eine wirtschaftlich schwierige Zeit, in der es zu Verschleppungen nach Osten auf Nimmerwiedersehen kam,

Vergewaltigungen waren fast an der Tagesordnung. Schätzungen gehen von 20.000 „Russenkindern“ aus. Besonders in der „Russenzone“ wurden die Daheimgebliebenen heftig drangsaliert. „Vae victis“ (Wehe den Besiegten), so lautete die unausgesprochene Doktrin. Für ein Passieren von Demarkationslinien zwischen den Besatzungszonen benötigte man einen viersprachigen Identitätsausweis, der fast ein Dutzend Bestätigungsvermerke der Siegermächte enthielt. Vor allem das Queren der sowjetischen Demarkationslinie glich einer Auslandsreise. Erst nach Inkrafttreten des Österreichischen Staatsvertrags verließ im September 1955 der letzte Rotarmist für immer das Land. Österreich war wieder frei, und seine Amerikanisierung konnte beginnen.

40 Jahre Eiserner Vorhang haben mehr als einer Generation das Leben gestohlen. Der Begriff an sich wird gerne Winston Churchill (1874–1965) zugeschrieben, er hat ihn 1945 in einem Telegramm an US-Präsident Harry S. Truman (1884–1972) verwendet. Tatsächlich ist der Begriff erheblich älter, schon bald nach 1900 geisterte er durch diverse Korrespondenzen. Nicht nur die Bolschewiki verwendeten ihn in ihrem Sinn, auch die Nazis griffen auf ihn zurück. Dennoch war in unserer jüngsten Vergangenheit seine Verwendung eindeutig. Gemeint war die hochbewachte Grenze zwischen Ost und West von der Barentssee quer durch Europa bis zum Schwarzen Meer. Sie war vier Jahrzehnte lang das „Ende der Welt“ und gleichzeitig eine Wohlstandsgrenze der Abgrenzungspolitik. Meist denken wir zunächst an die Berliner Mauer und die „Mauertoten“, vergessen aber, dass an der Grenze zwischen Österreich und der Tschechoslowakei bis 1989 fast 800 Menschen ums Leben kamen – durch Fluchtversuche oder Unfälle im Minengürtel. Österreich setzte schließlich mit der Öffnung eines Grenztors nach Ungarn eine schnelle Kettenreaktion in Gang, die nur wenige Wochen später der DDR ihre Existenz kostete. Heute folgt der „Iron Curtain Trail“, ein europäischer Radfernweg, den historischen Grenzspuren weit über das Waldviertel hinaus (von Finnland bis zum Schwarzen Meer) und hält damit die Erinnerung wach.

Das Waldviertel war bis in die 1950er-Jahre ein Mohnanbaugebiet, das im Mittelalter beispielsweise Mohnöl für das ewige Licht in die Klöster abzuliefern hatte. Bis zum Ende der k. u. k. Monarchie lag hier das europäische Zentrum des Mohnanbaus, bis 1934 war der Zwettler Graumohn (Papaver spec.) sogar der Qualitätsstandard der Londoner Börse. Der arbeitsaufwendige Anbau lag in den Händen der Bäuerinnen, ebenso die Ernte mit Sichel oder Messern. Die Arbeit lohnte sich, produziert doch eine einzige Mohnkapsel bis zu 2000 Samen. Verarbeitet wurde der Graumohn beispielsweise in Torten, Mohnstrudeln, Mohnnudeln und Mohnknödeln, zu Ostern gab es Mohnrollen und Mohnstriezel. Öl aus Mohn wurde schon mal als das „Olivenöl des Nordens“ bezeichnet. Natürlich fand auch Opiumherstellung aus dem milchigen Saft statt, in Vornarkosezeiten wurden Patienten vor Operationen mit präparierten „Schlafschwämmen“ behandelt. Sogar Goethe nahm in seinem „Faust“ darauf Bezug: „Du Inbegriff der holden Schlummersäfte, Du Auszug aller tödlich feinen Kräfte, erweise deinem Meister deine Gunst.“ Heute besinnt man sich wieder der Mohntradition, seit den 1990er-Jahren wird der Mohn im Waldviertel auf fast 1000 Hektar als Sonderkultur angebaut und vermarktet: Der Waldviertler Graumohn ist seit 1997 eine geschützte Ursprungsbezeichnung. Gottlob ist er zur Opiumgewinnung ungeeignet, hier wird der illegale Markt schon mit schätzungsweisen 10.000 Tonnen aus vornehmlich moslemischen Ländern überschwemmt.

Heute übersehen wir oft, welch bittere Armut im Waldviertel über Jahrhunderte geherrscht hat. Kein heutiger Sozialhilfeempfänger würde sich nur ansatzweise eine solche Kargheit bieten lassen – und schon gar nicht für so wenig Lohn arbeiten wollen. Damals musste man von früh bis spät schuften, um vielleicht ein Existenzminimum zu erreichen. Heute wird die Gesellschaft als unerbittlich böse Oberlehrerin diffamiert, wenn das soziale Netz Alkohol und Nikotin nicht mitfinanziert; früher war jeder in der Familie von klein auf eingespannt, Kinderarbeit war normal. Viel Fleiß und noch mehr tägliche Arbeitsstunden ließen keinen Platz für rotziges Anspruchsdenken.

Im fernen Wien hatte man 1812 keine Illusionen. Man sprach von einem „minder fruchtbaren, zu gebirgigen Boden, einem kalten, dem tierischen und vegetabilischen Leben ungleich weniger zusagenden Klima. Die Einfachheit und weniger Kultur seiner Bewohner, alles wirke zusammen." Zwar sicherten sich die „Stoderer" immer wieder preiswerte Zweitwohnsitze im Waldviertel, die kalte Jahreszeit wollten sie sich aber nicht antun, da waren die Waldviertler unter sich. Hier schimmert der „Waldmensch" Adalbert Stifter (1805–1868) durch, der diese reinigende Kargheit im Gegensatz zur barocken Pracht der Herrschaftskultur heraushob.

Um 1900 entdeckte die Wiener Künstlerschaft das Waldviertel, nachdem die Bergwelt des Salzkammerguts oder die Wachau tausendfach abgearbeitet war. Farbfotografien gab es noch nicht, und die bürgerlichen Stadtwohnzimmer hatten einen schier unersättlichen Hunger nach plakativen Ölbildern. Die Wiener Künstlerschar kam per Eisenbahn in den „Großen Nordwald" und produzierte im Akkord eine Bilderschwemme mit wildromantischen Waldviertel-Landschaftsbildern, unnatürlichen Wolkenformationen sowie trutzigen Wehrburgenbildern. Als dann die beginnende Farbfotografie eine ernsthafte Konkurrenz zu werden begann, brachte der „Anschluss" nochmals einen kurzen Hype mit dem Prädikat „Ahnengau des Führers". Erst heutzutage ist das Viertel wieder auf dem Weg zur „mythischen" Rückzugsgegend für Teile der Kunstszene. Seit gut 70 Jahren kümmert sich der Waldviertler Heimatbund um die historische und kulturelle Aufarbeitung des Waldviertels. Engagierte Laienforscher sichern im Verein mit lokalen Wissenschaftlern heimatkundliches Wissen, geben die Zeitschrift „Das Waldviertel" heraus und bringen zahlreiche Monografien zu ausgewählten Fachthemen heraus.

Im Mittellauf hat der Kamp mehrere Umlaufberge herauspräpariert, indem sich seine Mäander immer tiefer in den Granituntergrund eingeschliffen haben.

Nicht selten wird das Waldviertel mit eher herablassend-negativem Zungenschlag als strukturschwach eingestuft. Die Landwirtschaft hat in der Vergangenheit kaum zum Überleben gereicht, meist musste ein Webstuhl zum Verarbeiten der heimischen Schafwolle zusätzliches Einkommen sichern. Bandwebereien und Flechtereien hatten zum Beinamen „Bandlkramerland" geführt. Holzreichtum und Quarzvorkommen waren weitere Geldquellen. Zahlreiche Fischteiche gehen auf die Zeit von Kaiserin Maria Theresia (1717–1780) zurück, als man damals Lebensmittelknappheiten vorbeugen wollte. Noch heute stellt das alljährliche Abfischen im Spätherbst dem Wiener Markt viele Karpfen zur Verfügung. Dies alles sind gute Voraussetzungen für sanften Tourismus, auch Wellness-Tourismus, etwa im Moorbad, ist beliebt.

Handtuchartige Wiesen sind typische Zeichen von Realteilungen in früheren Generationen.

Das Waldsterben war im Waldviertel ein langsames Dahinsiechen des Waldes, ferne Verschmutzer nahmen ihm die Luft. Die Politik sprach gerne von „neuartigen Waldschäden", als großflächige Schadensbilder unübersehbar wurden. Vorzeitiger Laubabwurf, Auflichtung des Kronenbereichs, Ausbildung kleinerer Blätter, Absterben von Feinwurzeln bis hin zum Lametta-Syndrom der Fichten waren typische Symptome. Die Albtraum-Vorstellung eines sterbenden Waldorganismus begann zu reifen. Enorm erschwert wurde die politische Debatte durch die räumliche Ferne der Verursacher, die naturgemäß zunächst wenig Interesse zeigten, auf ihr „Recht zur Luftverschmutzung" zu verzichten. Im Fall des Waldviertels wurden die „Bösewichte" im tschechoslowakischen und deutschen Ausland lokalisiert: Allein Westdeutschland pustete 1980 noch 7,5 Millionen Tonnen Schwefeldioxid ungefiltert in die Luft, von den ostdeutschen und böhmischen Braunkohlekraftwerken gar nicht zu reden. Nicht verwunderlich, dauerte es denn auch eine Generation, bis endlich Tacheles geredet wurde und erste Abhilfemaßnahmen auf den Weg kamen.

Ökonomie und Ökologie brauchen eine gleichberechtigte Balance, auch wenn die Ökonomie der streitlustige übergroße Bruder ist, der ständig über alle Stränge schlägt. Zwar haben interessierte Kreise immer die Koexistenz beider euphorisch alternativlos zum nächsten Wirtschaftswunder hochgejazzt, dennoch konnte die Luftvergiftung nicht gestoppt werden. Brunnenvergifter haben wir nach zähem, jahrzehntelangem Kampf einigermaßen in den Griff bekommen, die Lufthülle müllen wir weiter zu. Hier versagen die Mechanismen, weil Luftvergifter immer auf Wind und schnelle Verteilung ihrer Sünden hoffen können. Wie sich beim Waldsterben herausgestellt hat, saßen die Schmutzfinken Hunderte von Kilometern entfernt, mit wenig Bereitschaft zur eigenen Besserung. Die größten Klimagasverschmutzungen stammen beileibe nicht aus dem Waldviertel, ausbaden muss es das Ganze aber doch mit. Es gibt also noch zu tun.

Manchen Regionen des Waldviertels sieht man den Waldanteil von 50 Prozent nicht an, wie hier in Heufurth im Einzugsgebiet der Thaya.

Dietmanns, heute ein Ortsteil von Bad Traunstein, ist eine Straßensiedlung mit hochmittelalterlichen Wurzeln.

Manche Flächen des Waldviertels waren für die Landwirtschaft so geeignet, dass fast aller Wald gerodet wurde (hier bei Matzles und Ulrichschlag).

Mittelberg liegt bereits im Bereich des unteren Kamptals mit seinem Übergang zur Weinbauregion.

Das Kamptal im Bereich der Rosenburg, kurz bevor der Kamp in seine Südrichtung einschwenkt.

Der Morgennebel zeigt die lange Moor-Vergangenheit des Waldviertels.

Der Stausee Ottenstein hat das Kamptal weit zurückreichend ertränkt und ihm ein fjordartiges Aussehen gegeben.

Die Burgruine Kronsegg war wie vieles im Waldviertel anfangs Passauer Besitz, da das dortige Bistum gerade im Hochmittelalter als Kolonisator agierte.

Das obere Waldviertel

Die rund 200 Kilometer lange Lainsitz verläuft nur 43 Kilometer auf österreichischer Seite. Als Grenzgängerin umfließt sie Weitra und wird bei Gmünd kurz noch einmal zum Grenzfluss. Zusammen mit dem Braunaubach (von Schrems kommend) markiert sie die Europäische Hauptwasserscheide im Granit- und Gneisplateau. Nur im Böhmischen führt die Lainsitz dann genügend Wasser, um ein beliebter Fluss für die Wassertouristik zu werden.

Beiderseits der Grenze hat die Lainsitz hohen ökologischen Wert: Die Waldviertler Teich-, Moor- und Flusslandschaft sowie die Teich- und Moorgebiete sind dabei besondere Juwelen. Hydrologisch gesehen strebt die Lainsitz ins Einzugsgebiet der Elbe. Diese geografische Besonderheit hatte notgedrungen politische Folgen im Hinblick auf den Grenzverlauf. Wir reden hier von fast einem Jahrtausend, beginnend im Jahr 1179 mit dem kaiserlichen Spruch zum Grenzverlauf bis in unsere Tage, als besonders 1919 politische Heißsporne ihren Hut in den Ring warfen. Dennoch war die Lainsitz ein länderübergreifendes Bindeglied auch in schwierigen politischen Zeiten. Darüber hinaus führte ebendiese jahrhundertelange Grenzsituation zu weniger menschlichen Eingriffen, ökologisch gestörte Standorte sind eher die Seltenheit.

Wie bei vielen Orten im Waldviertel weist das Satellitenbild zu **Bad Großpertholz** den Rodungscharakter der Gründungszeit aus. Ab dem Hochmittelalter machte diese Marktgemeinde jedes Auf und Ab des Waldviertels mit, bis 1902 die Waldviertler Schmalspurbahn in den Ort kam. Bei deren Einweihung wurde allseits große Zukunft versprochen und erwartet. Es kam anders, als der Ort 1919 abrupt zur Grenzlandgemeinde wurde. Dennoch waren die nationalistischen Prager Scharfmacher weit weg, die Grenze blieb durchlässig. Dies wurde erst nach 1945 anders, als der Eiserne Vorhang als hermetische Grenze massive wirtschaftliche Folgen zeitigte. Vor allem der Rückgang der Waldwirtschaft schlug zu Buche und führte zu kontinuierlicher Abwanderung: Der Zahlenvergleich von 1910 (2889 Einwohner) mit 2024 (1286 Einwohner) braucht keine besondere Statistikexpertise. Man hat daher mit 16 Einwohnern pro Quadratkilometer heute skandinavische Verhältnisse (Finnland: 18 Einwohner pro Quadratkilometer; Norwegen: 15 Einwohner pro Quadratkilometer) und könnte sich dort Partnergemeinden suchen, um gegenseitige Vorteile aus dieser Situation zu ziehen, schließlich wohnen zum Beispiel in Finnland die weltweit glücklichsten Bürgerinnen und Bürger (wie 2025 zum wiederholten Mal in einer weltweiten Studie bestätigt wurde). Zudem verströmt der Naturpark Nordwald in Bad Großpertholz als ausgedehntes Waldgebiet fast nordisch-skandinavische Atmosphäre. Hier scheinen die Dimensionen umgekehrt zu sein, nicht Felder und Wiesen sind mit Wald durchsetzt, sondern Wälder erlauben inselartige Acker- und Wiesenfluren, ja sogar Hochmoore. Der Aussichtsturm am Schwarzenberg ermöglicht ein emotionales Eintauchen in den Nordwald, eine gestaltete Kulturlandschaft mit einem Fokus auf naturnahe Erholung. Die Natur muss in diesem Gebiet nicht vor dem Menschen geschützt werden, sie wurde über Jahrhunderte durch behutsame Bewirtschaftung nachhaltig erhalten. Hier zeigt sich das historisch-kulturelle Werk der Bewirtschaf-

Seite 32 und 33: Der Winkelauer Teich ist Teil des Naturparks Heidenreichsteiner Moor.

ter über viele Jahrhunderte. In dieser Kulturlandschaft findet sich die alte Waldviertler Vision „Leben und leben lassen", man geht nicht mit schwerem Gerät auf die Natur los. Die Naturparkidee mit ihren vier Säulen Schutz, Bildung, Erholung und Regionalentwicklung soll helfen, dass das auch so bleibt.

Das Städtchen **Weitra** sieht sich als Waldviertler Schmuckkästchen und gilt als älteste Braustadt Österreichs. Der zentrale Rathausplatz ist von Renaissancegiebeln gesäumt. Die Dreifaltigkeitssäule mit dem Pestheiligen Rochus und dem Feuerheiligen Florian ist seit der letzten Restaurierung zum Ziel von Rechenfans geworden: In der Barockzeit waren Jahreszahlen üblicherweise als römische Zahlen in Texten integriert – größer ausgeführt

Die 200 Kilometer lange Lainsitz verläuft nur 43 Kilometer im Waldviertel. Im Unterschied zu den anderen Flüssen des Waldviertels strebt sie zur Moldau und Elbe und damit zur Nordsee.

Das mächtige Schloss Weitra hoch über der Altstadt steht auf kuenringischen Grundmauern. Es trotzte im Dreißigjährigen Krieg sogar erfolgreich einer schwedischen Belagerung.

Der Standort der Pfarrkirche Mariä Geburt in Unserfrau war gut gewählt, hier löst sich der Morgennebel meist als Erstes auf.

Das kleine Dorf Engelstein hat ein beachtliches Schloss, das im alten Verteidigungsdenken auf drei Seiten von Teichen umgeben ist.

und rot eingefärbt. Im konkreten Fall geht es um die Jahreszahl 1748. Bei der letzten Restaurierung färbte der Restaurator versehentlich die I nicht rot, sondern schwarz ein und sorgte so für Zahlenverwirrung. Als Gründung der Kuenringer datiert der Ort ins 13. Jahrhundert zurück, weshalb es nicht verwundert, dass die Altstadt eine reiche Geschichte atmet. Die Turmreste der Stadtmauer weisen Weitra der dicht gestaffelten Befestigungsreihe des Spätmittelalters zu, gebildet aus Stadtmauerstädten, die militärischen Schutz vor Böhmen sicherzustellen hatten. Das massive Schloss, zu Beginn der Neuzeit aus einer wehrhaften Burg entstanden, vermittelt die innerstädtischen Herrschaftsverhältnisse. Seine repräsentativen Arkadenbögen verleihen dem Innenhof eine fast oberitalienische Atmosphäre.

Das Thema Bier scheint allgegenwärtig (gebraut wird hier seit dem Jahr 1321), auch wenn von den ursprünglich 33 bürgerlichen Brauhäusern heute nur mehr zwei wirklich noch in Betrieb sind. 1321 bekam die Stadt konsequenterweise das Meilenrecht zugesprochen, nur Bürgern war Bierbrauen im Umkreis von einer oder mehreren Meilen Wegs um die Stadt erlaubt. Heute wird vor allem die geringe Wasserhärte als Gütesiegel hervorgehoben.

Wenige außerhalb des Waldviertels werden wissen, dass **Gmünd** 1919 zur geteilten Stadt wurde, nachdem die Tschechoslowakei aus der Donaumonarchie herausgebrochen war und sich zum Nationalstaat erklärt hatte. Obwohl inmitten deutschsprachigen Umlands, wurden damals Vororte Gmünds abgetrennt und die Lainsitz zur nassen Staatsgrenze. Dadurch verlor die Stadt den Bahnhof der Franz-Josefs-Bahn sowie die Bahnwerkstätten. Im „Haus der Gmünder Zeitgeschichte“ ist diese jüngere Geschichte eindrucksvoll dargestellt.

Die Stadtgeschichte reicht aber viel weiter zurück. Sie beginnt um das Jahr 1200 mit der Gründung als Grenz- und Burgstadt am Zusammenfluss der Lainsitz und des Braunaubachs durch einen

Der dreigeschossige Vierflügelbau von Schloss Gmünd liegt heute nur wenige Meter von der Landesgrenze entfernt. Er steht auf mittelalterlichen Burgmauern, die Teil des effektiven Verteidigungsgürtels gegenüber Böhmen waren.

Die Eröffnung der Franz-Josefs-Bahn von Wien nach Prag im Jahr 1872 bescherte Gmünd einen wirtschaftlichen Aufschwung, bis man 1918 zur geteilten Stadt wurde.

Kuenringer. Dem folgte ein sukzessiv planmäßiger Ausbau. Die Architektur der Altstadt atmet eine lange Geschichte, die Sgraffito-Häuser am Stadtplatz stammen aus der Übergangszeit des Mittelalters in die Neuzeit. „Sgraffito" stammt als Name aus dem Italienischen (sgraffiare = kratzen) und beschreibt eine spezielle Dekorationstechnik zur Bearbeitung von Wandflächen. Verschiedenfarbig übereinander aufgebrachte Putzschichten werden in Teilen wieder abgekratzt und zu einem kontrastreichen Wandbild komponiert. Der Stuckateur muss seine Arbeit fertig haben, bevor die oberen Putzschichten abgebunden sind, ein Motiv muss daher sukzessiv in Tagesschichten umgesetzt werden. In der k. u. k. Monarchie schuf später Erzherzog Sigismund von Österreich (1826–1891) einen großzügigen Landschaftspark samt Palmenhaus. Das Stadtwappen geht in seinen Grundzügen auf einen anderen Geschichtsstrang Gmünds zurück, indem es das steirische Wappen der Liechtensteiner thematisiert, die hier lange Zeit das Sagen hatten.

Bei **Gmünd-Eibenstein** bietet der gut 100 Hektar große Naturpark Blockheide Granitkunst der Natur. Hier sind Wackelsteine und beeindruckende Steinriesen zu verschiedenen Themenwegen zusammengefasst. Über Jahrmillionen durch Verwitterung entstanden, stellen sich Granitblöcke als übereinandergestapelte Bücher, enge Canyons, Pilzstein, Teufelsbett oder Teufelsbrotlaib dar. Obelix hätte hier seine wahre Freude gehabt. Der größte und bekannteste Stein ist der Christophorusstein. Ein kleines Museum thematisiert die „Geburt der Wackelsteine", also deren Entstehung durch Wollsackverwitterung. Der 15. Meridian östlich von Greenwich ist seit 1960 mit einem eigenen Granitstein markiert. Er soll an frühere Zeiten erinnern, als die Eisenbahn feste Uhrzeiten nötig machte. Bis dahin gab es jede Menge Lokalpatriotismus, jeder Ort hatte sozusagen seine eigene Turmuhr, bevor der Globus in 24 Zeitzonen unterteilt und das englische Greenwich zum Nullmeridian erklärt wurde.

Nicht selten ist Dietmanns im Lainsitztal in Morgennebel gehüllt, der spätgotische Turm der Hallenkirche ist dann der Erste, der die Morgensonne grüßt.

Im Jahr 1893 wurde diese Einteilung dann auch für Österreich verbindlich, ab da galt die Mitteleuropäische Zeit.

Die Stadt **Schrems** hat wie nahezu alle anderen Orte der Region gut acht Jahrhunderte Vergangenheit. Natürlich wissen wir über die kleinen Leute nicht allzu viel, war doch Geschichtsschreibung traditionell auf Obrigkeiten fixiert. Die Aufzeichnungen zum frühbarocken Schloss Schrems passen in diese Sichtweise. Nach dem Dreißigjährigen Krieg erbaut, war der zweigeschossige Vierflügelbau ursprünglich von einem Wassergraben umgeben. Die 16-achsige Westfassade und die zwölfachsige Südfassade haben ihren Anteil am repräsentativen Aussehen. Zwei symmetrische frühbarocke Portale tragen die Doppelwappen der Bauherren. Die Durchfahrten zum Innenhof sind neugotisch kreuzgratgewölbt. Über all die Jahrhunderte wurden hier lokale Steuermittel verbaut, die heutige Hauptfassade stammt erst aus dem Jahr 1890. Das **Schremser Hochmoor** ist mit 300 Hektar das größte in ganz Niederösterreich, obwohl es lange Jahre sogar industriell mittels Löffelbagger ausgebeutet wurde. Früher hatten die Torfschichten eine Mächtigkeit von fünf Metern, was natürlich alle möglichen Investoren hellwach werden ließ. Torf wurde vor allem für Feuerungszwecke abgebaut, aber auch für Streugut in Gärtnereien. Erst Ende der 1960er-Jahre schränkte man auf händisches Torfstechen für den privaten Hausbrand ein, bevor man in den 1980er-Jahren den Torfabbau ganz unterband. Rechteckige Torfstichgruben sind ehemalige Abbaustellen dieser Zeit. Das Unterschutzstellen dauerte dann nochmals zwei Jahrzehnte, bis im Jahr 2000 hier der bislang jüngste Naturpark Österreichs aus der Taufe gehoben wurde. Seit 2002 führt eine imposante, 33 Meter lange Himmelsleiter mit 108 Stufen hinauf zu einer 20 Meter hohen Aussichtsplattform und bietet eine hervorragende Übersicht zum ehemaligen und seit 2001 wiedervernässten Moor.

Die **Burg Heidenreichstein** wird gerne als schönstes Wasserschloss des Waldviertels beschrieben. Als mittelalterliche Wasserburg erlaubt sie über zwei Zugbrücken einen Zugang und lässt uns in eine Zeitreise eintauchen. Die Burg wurde nie zerstört, was den jeweiligen Burgherren ein gutes diplomatisches Händchen bescheinigt. Im späteren Mittelalter hatte sie als „Herrschaftsgut“ eigene

Das Städtchen Schrems mit seinen rund 5200 Einwohnern liegt fast in Sichtweite von Gmünd. Granit aus Schrems ist seit jeher ein gefragter Baustoff, der die Stadt zum industriellen Pol der Region gemacht hat.

Die Schremser Himmelsleiter ist seit gut 20 Jahren eine eigenwillige, knapp 20 Meter hohe Aussichtsplattform auf paarweise angeordneten Fichtenstämmen.

Gerichtsbarkeit inne neben Rechten für Fischerei, Jagd, Wildbann und den Betrieb von Mühlen. Drei Ecktürme und ein mächtiger Bergfried geben der vierflügeligen Anlage mit ihren massiven Mauern ein wehrhaftes, aber auch repräsentatives Aussehen. Ein gewaltiger Blitzschlag vor gut einem Jahrhundert hatte einen exorbitanten Riss in der Turmflanke zur Folge, der aber angesichts der vier Meter dicken Mauern bislang ohne Folgen blieb. Arkaden im engen Innenhof verweisen auf verschiedene Zeitepochen. Alle Räumlichkeiten sind stilgerecht, oft noch original eingerichtet, das älteste Mobiliar konnte mittels Dendrochronologie (Baumringdatierung) auf das Jahr 1296 datiert werden. Ebenso wie die Burg ist auch das Heidenreichsteiner Moor eine einzigartige Zeitkapsel: Im Kern sind unter dem Dach des Naturparks rund 30 Hektar an Moorflächen geschützt. In ihrer Gänze vereinigt das Moor ein klassisches Hochmoor (im Norden) und ein Verlandungsmoor (im Süden). Gleichzeitig erlaubt man ehemaligen Torfstichen eine Regeneration. Dazu mussten alte Entwässerungsgräben geschlossen werden, um den Grundwasserspiegel bis zur Mooroberfläche anzuheben. Ein knapp drei Kilometer langer Moorpfad ermöglicht ein authentisches Erleben von gut 10.000 Jahren Vegetationsgeschichte. Ein Torfmuseum thematisiert umfassend Entstehung und Nutzung von Moorlandschaften.

Das historische Ackerbürgerstädtchen **Litschau** ist mit heute rund 2100 Einwohnern die nördlichste Stadt Österreichs. Im Jahr 1260 „Lishawe" benannt, wurde der Ort im Jahr 1386 zur Stadt erhoben, samt planmäßiger Befestigung. Dies hat 1431 die Hussiten aber nicht von der Plünderung abhalten können. Sie waren für fast zwei Jahrzehnte der ultimative Schrecken nicht nur im Waldviertel. Bekanntlich war der Prager Prediger Jan Hus 1415 auf dem Konzil von Konstanz als Ketzer verbrannt

Die mächtige Burg Heidenreichstein gibt sich heute noch als unübersehbares Herrscherzeichen einer allgewaltigen Grenzsicherung. Hier haben sich Generationen von Grenzschützern erfolgreich verwirklicht.

Die Propstei Eisgarn wurde im Jahr 1330 als kleinstes Chorherrenstift Österreichs gegründet. Dessen kleine Stiftskirche zählt zu den schönsten frühgotischen Kirchen des Waldviertels.

Das mittelalterliche Litschau mit seiner zentralen Pfarrkirche am Stadtplatz ist die nördlichste Stadt Österreichs. Als ehemalige Burgstadt war sie Teil der Grenzbefestigung.

Kirchberg am Walde liegt im Quellgebiet der deutschen Thaya. Seine Gründer waren die Ritter Kirchperg aus Niederbayern, die hier zu rodendes Waldland als Königsschenkung zu freiem Eigentum bekommen hatten.

worden. Ein wütender Aufstand seiner Anhänger war die Folge, in dessen Verlauf alle zu Ketzern und damit Freiwild erklärt wurden. Ein Reichsheer aus Panzerreitern sollte die Situation bereinigen, scheiterte aber kläglich. Die Aufständischen hatten nämlich im erfahrenen Söldnerführer Jan Žižka (1360–1424) einen genialen Anführer, der die Aufständischen zur disziplinierten Truppe formte und mit seiner Wagenburg-Strategie eine komplett neue Kriegstaktik erfand. Alle Wagen konnten mit hohen Holzwänden und Ketten zu einer beweglichen Burg verbunden werden, die als mobiles Zentrum der Schlachtordnung sämtliche Angriffe selbst schwer bewaffneter Panzerreiter abperlen ließ. Geschickt koordinierte Ausfälle dezimierten jedes feindliche Ritterheer. Von Sieg zu Sieg wurden die Hussiten zur immer fanatischeren Truppe, die schnell den Nimbus der Unbesiegbarkeit bekam. Für mehr als ein Jahrzehnt schien kein Kraut gegen deren Einfalle gewachsen zu sein.

Berühmte Söhne der Stadt waren ihre Schrammelmusiker, die als Erfinder der Wiener Volksmusik gelten und Litschau zur Schrammelstadt gemacht haben. Litschau ist seither die Wiege der berühmten Wiener Heurigen- und Tanzmusik, ja gilt als das „Woodstock des Wienerlieds". Dieser „Schrammel-Euphorie" schlossen sich in den 1880er-Jahren Musikgrößen wie Johann Strauss (1825–1899) und Johannes Brahms (1833–1897) an. Das Schrammelquartett mit seinem volkstümlichen Repertoire an Liedern, Märschen, Tänzen und Walzern war damals aus Heurigen und Gaststätten nicht wegzudenken. Charakterisiert war es durch melancholische, chansonartig-beschwingte Instrumentierung.

Der ausgedehnte Kotwiesenteich ist eines von vielen Gewässern im Ortsbereich von Kirchberg am Walde.

Lang gestreifte Felder zeugen von vielen Realteilungen und sind oft ein Markenzeichen der traditionellen Waldviertler Landwirtschaft.

Flussnähe bedeutet immer Morgennebel und länger Feuchtigkeit am Tag. Dichter Morgennebel lässt schnell Assoziationen zum oft feuchten Waldviertel aufkommen.

Das Thayatal

Seit dem Jahr 985 ist „Taja" namentlich festgehalten, eine Namensableitung vom illyrischen Wort „dujas" (rauschend) ist nicht unwahrscheinlich. Die stark gewundene Thaya markiert heute zu einem großen Teil das Grenzland nach Tschechien, obwohl sie nicht immer die Grenze abbildet. Ab dem Zusammenfluss der Deutschen und der Mährischen Thaya bei Raabs bringt sie es auf 235 Kilometer Länge bei einem Gefälle von 262 Metern.

Die deutsche Thaya-Quelle nährt offiziell den Hauptfluss, im Vergleich zur Mährischen Thaya ist sie länger und führt mehr Wasser. Erste größere Orte sind die Marktgemeinden Vitis und Schwarzenau. Letztere kam 1875 in die Schlagzeilen, als ein Mitternachtszug von Wien nach Prag mit 128 Reisenden entgleiste. Je nach Nachrichtenquelle waren elf Tote und 80 Schwerverletzte zu beklagen. Es dauerte knapp vier Stunden, bis erste Helfer aus Gmünd die Unfallstelle erreichten. Die Bahnstrecke verlief hier mit fünf Promille Gefälle auf einem hohen Damm und einer lang gezogenen Kurve, gefolgt von einer Holzbrücke. Zwei vorausfahrende Güterzüge hatten die spätere Unfallstelle noch anstandslos passiert. Ein gelockertes Schienenstück auf dem äußeren Gleis war zwar mit einer Warnleuchte versehen, und der Bahnwärter hatte noch zur Warnung eine Laterne geschwenkt, die wurde aber wegen starken Nebels vom Lokführer nicht bemerkt. In der beschädigten Kurve entgleiste der Zug, elf Wagen stürzten vom Gleis. Eine Kommission benannte ein Attentat als Ursache für das unfassbare Unglück, ohne Täter angeben zu können. Der Vorgang kam schließlich ungeklärt zu den Akten. Der Bahnwärter musste wegen psychischer Probleme frühpensioniert werden, jedoch wurden ihm bei der Rentenberechnung wegen des Unfallschocks einige fiktive Berufsjahre zugerechnet. So weit, so

Die 76 Kilometer lange Deutsche Thaya ist der lange Quellfluss der Thaya, die Mährische Thaya bringt es auf zehn Kilometer weniger.

Seite 48 und 49: Die mächtige Burgruine Kollmitz in der Gemeinde Raabs an der Thaya hoch über der Thaya war mit ihren zyklopischen Mauern eine der größten und bedeutendsten Burganlagen Niederösterreichs.

Baumgesäumter Unterlauf der Deutschen Thaya.

normal. Jahre später kam jedoch die ganze Wahrheit ans Licht, und zwar mit einem Geständnis des Bahnwärters auf dem Totenbett: Aufgrund seiner wirtschaftlichen Notlage hatte er eine Unfallsituation provozieren wollen, um dann öffentlichkeitswirksam den Zug zu „retten“ und dafür belohnt zu werden. Perfider Sozialbetrug ist also nicht erst eine Erfindung unserer Tage.

Früher unterschied man zwischen dem bayerischen und dem böhmischen **Waidhofen.** Waidhofen an der Thaya war das böhmische. Das andere Waidhofen, jenes an der Ybbs, gehörte fast acht Jahrhunderte zum Freisinger Bistum. Der reine Ortsname könnte auf eine Weideland-Siedlung zurückgehen oder sich auf einen ehemaligen Waidhof (Jagdsitz) beziehen. 1230 zur Stadt erhoben und in den hochmittelalterlichen Burgengürtel integriert, litt die Siedlung bedingt durch die Grenzlage immer wieder unter böhmischen Angriffen. Erst als Böhmen und Mähren habsburgisch wurden, war diese Grenzrivalität vorbei.

Heute ist Waidhofen überregional aufgrund seiner Waldrapp-Voliere, der größten der Welt, bekannt. Hier wird diese äußerst bedrohte Vogelart gezielt nachgezüchtet. Der Waldrapp (Geronticus eremita), ein gänsegroßer Ibis mit blauschwarzem Gefieder und mächtigem roten Schnabel, war jahrhundertelang in Mitteleuropa ausgerottet. Dabei galt er im alten Ägypten als Symbol für Ruhm, Erhabenheit, Glanz, Größe und Geisteskraft. Der „zwingende“ Anstoß für dieses Imageprojekt war eine Abbildung im Waidhofener Stadtbuch des Jahres 1383. Nach erfolgreicher Konzepteinreichung der „Waldrapp-Initiative Waidhofen an der Thaya“ bezogen 2002 die ersten Tiere die Volieren. Seither sind sie aus Waidhofen nicht mehr wegzudenken. Innerhalb des Artenschutzprojekts wurden handaufgezogene Jungvögel trainiert, einem Ultraleichtflugzeug bis ins Überwinterungsgebiet in der Toskana zu folgen. Wenige Jahre später begannen die Vögel auch wirklich, selbstständig in ihr Brutgebiet zurückzukehren. Es besteht also berechtigte Hoffnung.

Waidhofen an der Thaya setzt sich mit seinem Namenszusatz von Waidhofen an der Ybbs (im Mostviertel) ab.

Der Jägerteich musste früher die Befüllung des Wehrgrabens von Waidhofen sicherstellen. Heute dient er als Fischteich, dessen alljährlichem Abfischen ein zweiwöchiges Wasserablassen vorausgeht.

Pfaffenschlag bei Waidhofen an der Thaya ist eine kleine, historisch gewachsene Gemeinde, der offizielle Ortsname ist Österreichs längster Gemeindename.

Waidhofen zeigt unseren erfolgreich vollzogenen Paradigmenwechsel gegenüber Tieren: In den 1960er-Jahren gab es hier die „Kroko-Bar“ mit bis zu 15 lebenden Krokodilen. Aus heutiger Sicht ein absolutes No-Go, aber damals ein Besuchermagnet. Hier fand das Publikum wohl eine Mischung aus Verwegenheit und Wildheit. Für jeden Wehrpflichtigen aus dem Allentsteiger Übungsplatz war dieses Lokal offenbar ein absolutes Muss (was vermutlich zu seiner landesweiten Bekanntheit beitrug). Der Barbesitzer führte schon mal ein Krokodil am Halsband durch das Etablissement oder fuhr eines im Cabrio spazieren. Er hatte die Krokodile ganz legal in einer Wiener Zoohandlung gekauft. Wie haben sich doch die Zeiten geändert! Spektakuläre Reportagen in Illustrierten und Zeitungen taten ihr Übriges, selbst ein eigenes „Micky Maus“-Heft entstand dazu. Erst in den 1990er-Jahren war es vorbei mit der legendären „Kroko-Bar“.

Der Ort **Thaya** war der Hauptort der Grafen von Raabs. Eine mächtige gotische Marktkirche mit romanischem Kern dominiert den Ort. Im ältesten Haus in Thaya mit Kreuzgewölbe und Rauchküche zeigt ein Museum lokale archäologische Befunde sowie einen Münzschatzfund aus der Zeit um 1200. Letzterer gibt Einblick in mehr als 200 Jahre Münzgeschichte.

Die mittelalterliche Wüstung **Hard** im Gemeindegebiet vier Kilometer östlich von Thaya (erstmals 1112, letztmals 1369 genannt) gilt als bestdoku-

Die bestens erhaltene Wehrkirche Kleinzwettl in der Gemeinde Gastern gibt einen hervorragenden Eindruck von der Zeit der Landnahme und dem damaligen Sicherheitsbedürfnis.

mentierte Wüstung Niederösterreichs. Der Ort entstand im Umfeld der Eisenverarbeitung und wurde dann in einem Rodungsaufbruch um 1250 erweitert. Unmittelbar nach der ersten Pestwelle (ab 1349), als sich Bevölkerungsdichten oft innerhalb Jahresfrist halbierten, gab man die Siedlung wohl auf. Ebenso könnte die spätmittelalterliche „Kleine Eiszeit" Auslöser der Ortsaufgabe gewesen sein. Erst 1976 wurde die Wüstung auf dem bewaldeten Höhenrücken wiederentdeckt.

Dobersberg ist auf jeder Landkarte sofort lokalisierbar anhand des tief nach Tschechien hineinragenden Zipfels der „Böhmischen Saß" mit dem Hohen Stein (679 Meter). Hier markiert der Dreiländerstein das historische Dreiländereck zwischen Österreich, Böhmen und Mähren. Im Hochmittelalter, im Jahr 1230, als „Dobroesperig" im Zehentbuch des Klosters St. Georgen eingetragen, hatte der Ort bereits Marktrecht. Dass dies bald mit Wohlstand verbunden war, zeigt die mächtige Lambertikirche mit ihrer reichen gotischen Ausstattung. Kirchenbauten waren damals ausschließlich mit lokalen Mitteln zu schultern. Das Renaissanceschloss zeugt zwar ebenfalls von Wohlstand, ist aber jüngeren Datums. Offenbar hatte sein Besitz nicht immer Freude gemacht, da seine Besitzer oft wechselten. Die letzte harte Zeit kam 1945 mit einem Beschuss in den letzten Kriegstagen, die Folgejahre der russischen Soldateneinquartierung waren nicht weniger destruktiv. Beispielsweise ging dabei die gesamte klassizistische Einrichtung verloren. Heute wird das Schloss nach umsichtigen Renovierungen unter anderem als Naturkundemuseum des Nationalparks Thayatal genutzt.

Die 68 Kilometer lange Mährische Thaya (Moravská Dyje) entspringt auf der 500 bis 800 Meter hohen Böhmisch-Mährischen Höhe weit im tschechischen Norden. Als Teil der Böhmischen Masse markiert sie einen zusammenhängenden, sogenannten Varisziden-Rumpf in Mitteleuropa. Dieser war im Erdaltertum, also vor mindestens 250 Millionen Jahren, ein massives Granit- und Gneishochgebirge, das aus der Kollision des Gondwana- mit dem Laurussia-Kontinent hervorgegangen war. Im Lauf der Jahrmillionen ist daraus eine schwach wellige Hochlandschaft entstanden, in der die Mährische Thaya ihren Lauf nach Süden gefunden hat. Kurz vor der Landesgrenze kreuzt sie den Tschechoslowakischen Wall, der 1938 als ausgedehntes Grenzbefestigungssystem das Land hätte sichern sollen. Wie die legendäre Maginot-Linie im Westen konnte er jedoch seinen angedachten Zweck nie erfüllen.

Schloss Dobersberg steht auf mittelalterlichen Wehrmauern. Der gedrungene vierflügelige Bau mit den dominanten Außenecken ist heute im Besitz der Marktgemeinde.

Die Mährische Thaya war im Mai 1936 im deutschsprachigen Neumühl Schauplatz eines schweren Fährunglücks, bei dem um 8 Uhr morgens 31 deutsche Kinder in der Thaya ertranken. Dies ging als Rakwitzer Tragödie in die Geschichte ein. 106 Schüler waren auf acht Pferdefuhrwerken auf dem Weg zu einem Schulausflug in die Pollauer Berge. Die Überfahrt war schon fast abgeschlossen, als bei der letzten Überfahrt die überladene Fähre in der Strommitte leckschlug und in Sekundenschnelle unterging.

In **Raabs** vereinigen sich die beiden Quellflüsse zur Thaya, die 235 Kilometer danach in die March mündet. Die lang gezogene Höhenburg gilt als eine der schönsten Burg- und Wehranlagen Österreichs. Ihre Gründung im engsten Bereich der Thaya-Schlinge wurde mithilfe von Dendrochronologie-Daten in die Jahre 926 bis 929 verortet; damals hatten die Ungarn die blutige Oberhoheit in diesem ehemals bayerischen Ostland inne. Erste schriftliche Quellen über das „castrum Racouz" stammen aus der Zeit um 1100. Ein Vierteljahrhundert vorher hatten die Babenberger Markgrafen das Waldviertel („silva Rogacz") als Königsschenkung erhalten. Welche Bedeutung die Region hatte, sieht man an ihrer Namensgebung in Mähren und Böhmen, noch heute wird dort Österreich „Rakousko" (das Land hinter Raabs) genannt. Die Burg Raabs wird gern als die Bilderbuchburg hoch über der Thaya beschrieben. An der Hochburg wurde über mehrere Jahrhunderte gebaut, was die stark gegliederte vielphasige Burganlage erklärt. Als Spitzenleistung alter Baukunst wurde die ganze Felsenbreite mehrgeschossig mit einem massiven Fundament überbaut. Später integrierte man alte Festungsmauern in den Schlossbau und schuf hervorragende Renaissance-Pfeilarkaden samt einem großen und einem kleinen Rittersaal. In der beginnenden Neuzeit versuchte man mithilfe von immer neuen Fortifikationen den Kanonen etwas entgegenzusetzen.

Ruine **Kollmitz,** eine der größten Ruinen ganz Österreichs, hat wie die meisten Burgen die Zeitläufte nicht unbeschädigt überstanden. Nach Erfindung des Schießpulvers konnten selbst dicke Burg-

Die dominant lang gezogene Höhenburg Raabs hoch über der Stadt Raabs markiert den Zusammenfluss der Deutschen und Mährischen Thaya.

Die Pfarre Lindenhof hoch über Raabs mit ihrem Patrozinium von Erzengel Michael unterstreicht die historische Bedeutung und das kulturelle Erbe des Orts.

Schloss Karlstein hat eine hochmittelalterliche Geschichte mit unterschiedlichen Nutzungen nach ihrer Festungszeit, etwa als Uhrenfabrik, Internierungslager und Jugendherberge.

Kleinwasserkraftwerk unterhalb der Ruine Kollmitz.

mauern keine Sicherheit mehr bieten. Ihr Standort auf einem steil abfallenden Felssporn innerhalb einer weiten Thaya-Schleife war umsichtig gewählt. Zyklopische Mauern, gepaart mit zwei massiven Ecktürmen, taten ihr Übriges. Zur weiteren Sicherheit war eine zusätzliche, sogenannte Böhmische Mauer vorgelagert. Selbst als Ruine beeindruckt die Anlage noch enorm. Militärisch fast unübertroffen, waren politische Fehler dennoch vorprogrammiert: Ein Burgbesitzer starb beispielsweise im Prager Exil, da er sich als Rädelsführer der evangelischen Adelsstände politisch verrannt hatte. Zur Ruine wurde sie allerdings wegen der Wiener Gesetzgebung: Als während der Napoleonischen Kriege eine Hausklassen-Steuer eingeführt wurde, nahm man zu deren Vermeidung der Burg die Dächer, damit war sie unbewohnbar und somit steuerfrei.

Im Jahr 1863 begannen die Projektierungspläne für die Franz-Josefs-Bahn, die von Wien über Budweis nach Pilsen führen sollte. Nur drei Jahre später machten sich 14.000 italienische Fremdarbeiter ans Werk, 1870 erfolgte die Einweihung. Der Erste Weltkrieg brachte einen herben Einschnitt, der Eiserne Vorhang nach 1948 setzte dem Niedergang noch eins drauf, streckenweise wurde das zweite Gleis abgebaut. Dennoch gab es ab 1957 mit modernen Dieseltriebwagen eine Verbindung nach Ostberlin, die Züge hießen bezeichnenderweise „Vindobona" und „Sanssouci". Nach 1990 übernahm die schnellere Nordbahn-Verbindung den Hauptteil des Bahnverkehrs in Richtung Tschechien. Auf lokaler Ebene waren um 1900 Nebenbahnen möglich geworden, mit deutlich geringerem Sicherungsaufwand und kurvenreichen, landschaftlich angepassten Streckenverläufen.

Drosendorf bestand zu dieser Zeit schon Jahrhunderte, ist der Ort doch mit seiner vollständig erhaltenen Ummauerung Gründungsmitglied der „Stadtmauerstädte Niederösterreichs". Das repräsentative Schloss stammt im Kern aus der Zeit um 1200, der schlossartige Ausbau im Renaissancestil erfolgte deutlich später, als es nach einem Blitzschlag neu aufgebaut werden musste. Entstanden ist dabei ein dreigeschossiges Vierseit-Schloss mit einem anschaulichen Innenhof. Der repräsentative Schüttkasten wurde unterschiedlich genutzt, geht er doch im Kern auf eine hochmittelalterliche Kirche zurück. Im Spätmittelalter als Sakralbau aufgegeben und zum Getreidespeicher umgebaut, dominiert der lang gestreckte, dreigeschossige Bau mit hohem Satteldach das Ortsbild.

Der **Nationalpark Thayatal** ist heute ein binationales Schutzgebiet, das sich in Niederösterreich

Drosendorf ist eine mittelalterliche Stadtgemeinde in malerischer Hochlage, steil über dem Thayatal.

Groß-Siegharts war im 18. Jahrhundert die Keimzelle des „Bandlkramerlandls", nachdem ein Investor mit viel Geld ein Textilzentrum errichtet hatte.

weit ins Weinviertel hineinzieht. Die Thaya hat sich hier auf 25 Kilometer Länge bis zu 150 Meter eingegraben und eine große, naturnahe Tallandschaft geschaffen. Zusätzlich blieb aufgrund des Eisernen Vorhangs zunächst jegliche wirtschaftliche Aktivität unterbunden, das Tal war sich selbst überlassen. Markante Mäander und ein einmaliger Umlaufberg machten es zum einzigartigen „Tal der Vielfalt". In den 1980er-Jahren hatten die Machthaber in Prag das Tal dennoch im Visier für eine technokratische Ausnutzung. Die tschechischen Pläne für einen Kraftwerksbau waren dann allerdings groteskerweise die Initialzündung zum Nationalparkgedanken. Obwohl sich Prag jede Einmischung in innere Angelegenheiten vehement verbat, konnte die österreichische Seite lange genug nörgeln und die Schnapsidee schließlich erfolgreich verhindern. Zeitnah wurden zwei Thaya-Abschnitte von österreichischer Seite unter Naturschutz gestellt. Als dann 1991 ein Nationalpark auf die Agenda kam, hatte Tschechien sogar die Nase vorn, bevor Österreich 1997 nachzog. Die Thaya ist heute daher vor technokratischem Zugriff gesichert. Fast hat man den Eindruck eines Wald-Nationalparks, sind die Ufer der Thaya-Mäander doch zu gut 90 Prozent mit Wald bedeckt. Der Nationalpark dankt es, fast die Hälfte aller Pflanzenarten Österreichs hat hier ihr Auskommen. Jetzt muss man nur noch antiquierten Nationalpark-Oberlehrern innovative „Science Communication" beibringen, um die demokratischen Mehrheiten für strikten Naturschutz zu erhalten.

Groß-Siegharts war ein groß angedachtes Investment zu Beginn des 18. Jahrhunderts. Ein reich gewordener Aktionär einer Handelskompagnie namens Christoph Ferdinand Graf von Mallenthein hatte sich den Ort (der damals noch Siegharts hieß) als industrielles Entwicklungsgebiet auserkoren. Nach 1720 leitete er viel Kapital dorthin, um mit einer großen Textilmanufaktur sogenanntes niederländisches Barchent (Halbleinen) im großen Maßstab zu erzeugen. Dafür wurden 20 schwäbische Weber angeworben und eine Arbeiterkolonie mit Giebelhäuschen im Ort errichtet. Der Name Schwabengasse ist auf diese Zeit zurückzuführen. Mittelfristig waren sogar 1000 Häuser geplant. Der Graf setzte zeitnah die Markterhebung des Orts durch, für eine großzügig geplante Barockkirche wurde erfolgreich der Grundstein gelegt. Doch Bäume wachsen oft nur kurzzeitig in den Himmel, schon in der Römerzeit wusste man, dass das Glück aus Glas sein kann. „Fortuna vitrea est, tum cum splendet, frangitur." – Glück ist gläsern, dann wenn es glänzt, bricht es. (Publilius Syrus) Im Jahr 1731 versiegte der gräfliche Geldstrom, alles musste von jetzt auf sofort versilbert werden. Die arbeitslos gewordenen Weber spezialisierten sich auf handgearbeitete Leinen- und Baumwollbänder, die von den „Bandlkramern" als Hausierer in der gesamten k. u. k. Monarchie verkauft wurden. Ein eigener herrschaftlicher Erlass sorgte 1767 für deren Rechtmäßigkeit.

Das enge Thayatal im niederösterreichischen **Hardegg** gehört von seiner Erscheinung her zum Landschaftsbild des Waldviertels, hier wird die Thaya wieder zum Grenzfluss. Dic Burg Hardegg war Tcil dcr mittelalterlichen Verteidigungslinie nach Böhmen. Auch hier wurde die Verteidigungsfunktion sukzessive als Ausdruck aristokratischen Selbstverständnisses monumental ausgebaut. Es entstand ein gewaltiger Palas samt Bergfried, dem sich ein Ensemble von fünf Türmen und weitläufigen Vorburgen anschloss. Die Burg war im Spätmittelalter die größte Wehranlage Niederösterreichs. Dass sie heute (wieder) trutzig aussieht, ist auf Instandsetzungsmaßnahmen im Zuge der allgemeinen Burgen-Euphorie im 19. Jahrhundert zurückzuführen. Ihren heutigen Zustand verdankt sie den Khevenhüllern, die als Mitkämpfer des unglücklichen Kaisers Maximilian (1832–1867) eine Gedenkstätte für ihn errichten ließen. Ein Spross der Familie hatte Maximilian nach Mexiko begleitet und nach dessen Exekution freies Geleit zur Rückreise gewährt bekommen. Das mächtige Kreuz in der Gruft wurde aus dem Holz der Fregatte „Novara" gefertigt, die den Leichnam Maximilians nach Österreich überführt hatte.

1918, nach Kriegsende, wurde Hardegg auf einmal zur richtigen Grenzstadt, nachdem hier über Jahrhunderte hinweg belanglose Verwaltungsgrenzen die Ufer getrennt hatten. Beide Ufer waren schließlich seit Jahrhunderten deutschsprachig besiedelt. Die Wiener Obrigkeit hätte hier Grenzen problemlos modifizieren können, es wäre ein einfacher Verwaltungsakt auf niedriger Ebene gewesen. Dieses banale Versäumnis bezahlten die Einwohner links der Thaya nach dem letzten Krieg mit entschädigungsloser Vertreibung, als fanatische Nationalisten in Prag ethnische Säuberungen durchsetzten. Die kleine Verbindungsbrücke über die Thaya verlor ihre Brückenfunktion, sogar die Bodenplanken wurden entfernt. Das nackte Eisengerüst wurde zum traurigen Symbol politischer Trennung. Erst 1990 wurde (wieder) ein Grenzübergang für Fußgänger und Radfahrer eingerichtet, nachdem bei der Grenzöffnung einige Mutige bereits über das Brückengerüst balanciert waren. Das Grenzhäuschen zeigt als liebevoll eingerichtetes Museum die unselige vergangene Zeit. Heute merkt man die Grenze zwar nicht mehr, den Hunderttausenden Heimatvertriebenen der unmittelbaren Nachkriegszeit half dies jedoch wenig. Hardegg gilt heute (Stand 2024) als die Stadt mit den wenigsten Einwohnern (81) in Österreich. 1890 waren es 3209. Dabei hat der Ort alte Wurzeln, schon 1290 war er im Kirchenregister als Stadt benannt. Die Grenzbrücke feierte 2024 ihr

Als Stadt mit den wenigsten Einwohnern in Österreich liegt Hardegg mit seiner massiven Burg direkt an der Landesgrenze, hoch über der Thaya.

150-jähriges Jubiläum (sie war 1874 eröffnet worden): Heute ist sie nicht mehr das traurige Symbol abgebrochener Nachbarschaftsbeziehungen, sondern Synonym für immer besser werdende Nachbarschaft und zugleich für das Zusammenwachsen der beiden Nationalparks.

Im September 2024 war Hardegg ein hochbrisanter Hochwasserort, zumal aus der tschechischen Talsperre Frain über eine lange Zeit 173 Kubikmeter Wasser pro Sekunde in die Thaya abgelassen wurden. Bereits im März 2006 war die Thaya in den Schlagzeilen, als sich das Thaya-March-Hochwasser schon einmal zum höchsten Jahrhunderthochwasser ausgewachsen hatte. Starke Niederschläge erreichten damals im Waldviertel ihren Höhepunkt, dazu kamen Schmelzwasser aus einem ungewöhnlich schneereichen Winter und Tagestemperaturen von über 20 Grad Celsius. Beide Quelläste der Thaya schaukelten sich dadurch zu höchsten Wasserständen auf. In Raabs erreichte die Durchflussmenge von 340 Kubikmeter pro Sekunde höchste jemals gemessene Werte. In Drosendorf überschritt die Thaya den Pegel von sechs Metern und führte zudem bis zu 65 Zentimeter starke Eisschollen mit. Etwas zeitversetzt verlagerte sich die Hochwasserwelle schließlich in das Marchtal und überschritt auch dort die Jahrhunderthochwasser-Marken. Dammbrüche verschlimmerten die Schäden zusätzlich, Hunderte Evakuierte mussten Notunterkünfte aufsuchen.

Schloss Weinern ersetzte eine mittelalterliche Burg und wurde zur spätbarocken Perle. Ein großer englischer Park verleiht dem Bau das dazugehörige Ambiente.

Der dreigeschossige quadratische Vierflügelbau von Schloss Drösiedl liegt vergleichsweise einsam an einem kurzen Seitental der Thaya.

Das Prämonstratenserstift Geras stammt aus dem Hochmittelalter, ist aber heute eine barocke Perle der Kunstgeschichte und zudem das älteste ohne Unterbrechung bestehende Männerkloster des Ordens.

Das idyllisch gelegene Schloss Fronsburg in der Gemeinde Weitersfeld ist heute der Sitz von Forstbetrieben. Es wurde während der Hussitenkriege zerstört und anschließend als Renaissanceschloss wieder aufgebaut.

Die mächtige Burgruine Kaja, etwas abseits der Thaya gelegen, könnte uns mit ihrer Wehrhaftigkeit zur Zeitreise ins Mittelalter geleiten.

Das obere Kamptal

Der 153 Kilometer lange Kamp ist der längste Fluss des Waldviertels mit einem Einzugsgebiet von gut 1750 Quadratkilometern. Er stützt sich auf zwei große Quellarme: den Großen und den Kleinen Kamp. Die Quellregion liegt am 1041 Meter hohen Weinsberg und damit im Grenzgebiet zum Mühlviertel (Oberösterreich). Als riesiges, in sich geschlossenes Waldgebiet besitzt das Waldviertel genügend Schwammwirkung, um rund ums Jahr ausreichend Quellwasser sicherzustellen. Der Höhenunterschied der Quellregion zur Mündung mit rund 740 Metern beschert dem Fluss ein beachtliches Gefälle von 4,8 Promille. So weit die nackten Zahlen.

Obwohl Österreich nicht arm an eindrucksvollen Flüssen ist, nimmt der Kamp einen besonderen Platz ein. Nicht nur, weil er vom Norden zur Donau stößt, sondern auch weil er verhältnismäßig flach mit vielen Mooren beginnt. Zahlreiche Schwemmstoffe mit ihren Eisenmineralien geben dem Flusswasser eine charakteristische gelblich-rote Färbung, die Wasserqualität schwankt zwischen exzellenten eins und zwei.

Der Name Kamp ist keltischen Ursprungs und bedeutet „krumm". Zwar hat der Große Kamp ein kleineres Einzugsgebiet (107 Quadratkilometer) als der Kleine Kamp (knapp 155 Quadratkilometer), er steuert aber mehr Wasser beim Zusammenfluss zum Kamp bei. Er entspringt an der Grenze zu Oberösterreich und agiert über die ersten zehn Kilometer als Bundeslandgrenze. Dabei ist besonders beeindruckend, wie ein kleiner Fluss eine derart tiefe Schlucht aus dem Granit meißeln kann. Wenn man weiß, dass das legendäre Variszische Gebirge vor 300 bis 350 Millionen Jahren hier im Waldviertel die Dimensionen eines Himalaja gehabt haben könnte und seither durch Erosion auf heutige Dimensionen abgetragen wurde, steigt die Achtung noch mehr.

Der Große Kamp zwängt sich durch ein enges Tal mit oft moosbewachsenen Granitmauern und durchläuft etwa den wilden „Höllfall" mit seinen gewaltigen Felsverblockungen. Nicht wenige Granitfelsen weisen eine typische, erosionsbedingte Wollsackverwitterung auf. Die richtige Erklärung ihrer Entstehung hatte schon der Nichtnaturwissenschaftler Johann Wolfgang von Goethe bei einem Besuch im Fichtelgebirge geliefert: Saurer Boden bedingt unterirdische Erosion.

Der Kleine Kamp, auch Ritterkamp genannt, entspringt weiter im Süden, am Weinsberg. Über beachtliche Strecken ist er als Naturdenkmal ausgewiesen. Das Naturdenkmal Blockmeer Schütt zeigt in einem 500 Meter langen Waldabschnitt die Kraft des Wassers, die unzählige Granitbrocken aus dem Fundament des uralten Gebirges herausgelöst hat.

Arbesbach am Großen Kamp wird im Volksmund „Stockzahn des Waldviertels" oder gar „luckats G'Schloss" genannt. Als hochmittelalterliche Höhenburg war sie Teil der inneren Verteidigungslinie nach Norden. Wie notwendig die Festigungslinie war, zeigte ihre Zerstörung im Jahr 1480 durch böhmische Freischärler. Die Burg selbst hatte mit rund 2,5 Metern eine beachtliche Mauerstärke, man kann daher von einem viergeschossigen polygonalen Bau ausgehen. Kurz vor 1600 wurde die Burg

Seite 66 und 67: Bedingt durch den Rückstau der Dobrasperre liegt die Ruine Dobra heute auf einer Halbinsel, umgeben vom Kampwasser.

Der Große und der Kleine Kamp zeigen große Naturnähe, bevor nach ihrem Zusammenfluss die Wasserkraft ihr Tal immer tiefer macht.

Die Burgruine Arbesbach wird im Volksmund auch „Stockzahn des Waldviertels“ genannt. Als Bollwerk der böhmischen Abwehrkette wurde sie 1480 zerstört und in der Folge nicht wieder aufgebaut.

angesichts neuer Waffensysteme aufgegeben. Drei Jahrhunderte später war der Turm immer noch eine beeindruckende Ruine, sodass die heutige 60 Meter hohe Aussichtsplattform gebaut werden konnte, auf die 176 Stufen hinaufführen.

Kurz nach **Rappottenstein** vereinigen sich beide Quellflüsse und bilden den Kamp. Seit dem Hochmittelalter ist die Burg Rappottenstein eine gewaltige Landmarke, ihre Mauern scheinen mit dem Granituntergrund geradezu verwachsen zu sein. Alle Innenhöfe umgeben die Hauptburg im Uhrzeigersinn, was wehrtechnisch den Schwertarm der Angreifenden (mit dem Schild in der Linken) gegenüber Bogenschützen der Burg ungeschützt beließ. Auch die Vorburg hat mit acht Toren und fünf Höfen ein durchdachtes Verteidigungssystem, erst danach konnte die Hochburg betreten werden. Hier hatten sich Belagerer ohne Kanonenunterstützung dreimal die Zähne ausgebissen: 1597 aufständische Bauern, 1619 katholische Truppen und 1645 schwedische Soldateska. Mehrere in den Granitstein getriebene Zisternen hatten immer ausreichend Regenwasser vorgehalten. Dass die Burg unversehrt geblieben ist, zeugt aber auch von sehr vorausschauender Diplomatie der Besitzer. Seit 1664 ist die Burg in Besitz der Grafen von Abensperg und Traun, die es samt umfangreichem Landbesitz von den protestantischen Vorbesitzern für 50.000 Gulden erworben hatten.

Wer hier eindringen wollte, brauchte mehrere Leben.

Der Kamp bietet vom rauen Granithochland des oberen Waldviertels bis zu den warmen Lössterrassen des Kamptaler Weingebietes viel: Obwohl im Flussoberlauf mit dem Stausee Ottenstein, dem Stausee Dobra und dem Thurnberger Stausee gleich drei künstliche Wasserkörper geschaffen wurden, präsentiert sich das Tal als eines der schönsten Durchbruchtäler Europas. Hier können Menschen ihre Natursehnsucht stillen, aber auch den Erfolg von Kämpfen zwischen Ökologie, Freizeitnutzung und Wasserkraft sehen, wenn sie dem Tal folgen. Es blieb bei drei Stauseen, die heute wie auf einer Perlenschnur hintereinander angeordnet sind, und flussabwärts kann der Kamp sein naturbelassenes Potenzial aufzeigen. Zudem ist das Tal von vielen Burgen gesäumt, von denen einige als repräsentativ wiederaufgebaute Schlösser das Tal bereichern. Das Kamptal hat also hier ein Alleinstellungsmerkmal gefunden und bringt Natur, Geschichte und Kultur zu einer harmonischen Einheit zusammen.

Als Nebenfluss ist die kleine Zwettl ganz schön bestimmend, wenn sie im Talkessel ihres Mün-

Burg Rappottenstein am Kleinen Kamp ist ein Masterplan einer effektiven mittelalterlichen Befestigungsanlage.

dungszwickels mit dem Kamp der gleichnamigen Stadt Siedlungsraum bietet. Hier hat wie andernorts eine Flussmündung schon wegen der Transportmöglichkeiten zur Ortsgründung eingeladen. Sie bringt auch gehörig Wasser bei. Die 55 Kilometer lange Zwettl entspringt im Bereich der Europäischen Wasserscheide, nimmt im Zuge ihres Laufs 78 Quellbäche auf und leitet dem Kamp eine substanzielle Wassermenge zu. Das an ihren Ufern gelegene **Schloss Rosenau,** ein markanter Renaissancebau mit Vierkanthof, hat ein Autor als Schloss „mit Zirkel und Winkelmaß" bezeichnet. Die Gutshofsiedlung hatte auch ein Spital für betagte Gutsarbeiter eingeschlossen. 1720 wurde der erst achtjährige Leopold Christoph Graf Schallenberg per Erbschaft zum Besitzer. Graf Schallenberg, ein Vorfahre des ehemaligen Bundeskanzlers Alexander Schallenberg, verbrachte sein späteres Berufsleben als Obersthofstabelmeister (Zeremonienmeister) am Hof von Kaiserin Maria Theresia und baute das Schloss großzügig um. Seine Dienstherrin ließ zwar die Freimaurerei verbieten, der Graf aber errichtete im Schloss eine Freimaurerloge, die durchreisenden Freimaurern als Versammlungsort diente (Rosenau liegt auf halbem Weg zwischen Wien und Prag). Heute ist im Schloss ein Freimaurermuseum untergebracht. Wolfgang Amadeus Mozart machte 1787 hier auf seinem Weg nach Prag Station und hinterließ einen auf Englisch verfassten Gästebucheintrag. Viele Symbole stammen aus dieser Zeit: eine ein-

Roiten ist die erste größere Ortschaft am Kamp. Hier hält man die Erinnerung an Friedensreich Hundertwasser wach, der weiter kampabwärts in der alten Hahnsäge logierte.

gearbeitete Sonnenrose im Holzboden, ein Obelisk, Weinreben und Widderköpfe; eine schwarze Muschel über dem Fenster steht für Verschwiegenheit. Mit dem Tod des Schlossherrn wurde im Jahr 1800 gleichzeitig die Loge geschlossen. Späteren Besitzern des Schlosses war diese Vergangenheit bald nicht mehr bewusst. Erst eine Generalsanierung im Jahr 1972 brachte die Freimaurersymbole wieder ans Licht.

Die Stadt **Zwettl** war als Ackerbürgerstadt im Zentrum des Waldviertels ein wichtiger Teil des Wehrgürtels entlang der Kamp. Der Talkessel begünstigt eine nächtliche Kaltluftseebildung, beispielsweise wurde von der Wetterstation im Stift Zwettl am 12. Februar 1929 mit minus 36,6 Grad Celsius die kälteste bestätigte Temperatur in einem bewohnten Ort Österreichs gemessen. Hier treffen sich kontinentaler Einfluss aus dem Osten und ozeanischer Einfluss aus dem Westen. Die Gründungsurkunde datiert auf das Jahr 1139, das Kloster Zwettl ist dort im lateinischen Text als „Claravallis“ (lichtes Tal) genannt (das könnte also auf die Rodungsvergangenheit verweisen). Schon im Jahr 1200 hatte Zwettl Stadtrecht mit entsprechenden Schutzbauten: 1427 mussten die andernorts stets siegreichen Hussiten in der Schlacht bei Zwettl drei Mal erfolglos abziehen. Auffallend sind die sgraffito-geschmückten Wände des Alten Rathauses. Viel jüngeren Datums ist dagegen der Hundertwasser-Brunnen am alten Zwettler Hauptplatz, eine repräsentative Brunnenanlage mit zwei Brunnensäulen und einem Pavillon. Friedensreich Hundertwasser (1928–2000) schuf den Brunnen in der alten Hahnsäge direkt an einem der urtümlichsten Flussabschnitte des Kamp. Er lebte und arbeitete über 30 Jahre lang immer wieder sehr bescheiden in seinem naturnahen, spartanischen Refugium am Kamp. Wasser war für ihn Leben, der Kamp daher immer wieder sein Lebensmittelpunkt. Hier konnte er zum Kämpfer gegen den „Rechten Winkel“ rei-

Schloss Rosenau an der Zwettl ist heute ein Freimaurermuseum, da ein hoher Wiener Hofbeamter im 18. Jahrhundert hier klammheimlich eine Loge für Gleichgesinnte eingerichtet hat.

Selbst die Nebengebäude von Schloss Rosenau sind herrschaftlich herausgeputzt und runden das Barockensemble angenehm ab.

Die Stadt Zwettl ist mit 256 Quadratkilometern die viertgrößte Stadtgemeinde und zwölftgrößte Gemeinde Österreichs – und das gefühlte Herz des Waldviertels.

Seit 1994 ist der Hundertwasserbrunnen am Zwettler Hauptplatz mit zwei Brunnensäulen und einem Pavillon ein beliebter Treffpunkt im Herzen der Stadt.

fen, schließlich bot der mäandrierende Kamp kaum rechte Winkel. Konsequenterweise gibt es heute einen eigenen Hundertwasser-Weg.

Das **Stift Zwettl** mit seiner lang gestreckten Stiftskirche wurde von den Zisterziensern weit außerhalb der Stadt gegründet und folgte der alten Benediktinerregel „Ora et labora". Im Hochmittelalter sprach man auch von einer Landnahme durch Mönchskutten, da Klöster oft als Kolonisationskerne fungierten. Man wollte die Kolonisierung und Christianisierung des Nordwaldes vorantreiben. Mit seiner romanischen Kirche im Zentrum sowie dem romanischen Karner gilt das Stift kulturhistorisch und architektonisch als einer der bedeutendsten Orte ganz Österreichs. Aus der Gründerzeit stammt auch der spätromanisch-gotische Kreuzgang um einen symmetrischen Innenhof, der in der Klostersymbolik das Paradies versinnbildlicht. Das Necessarium über dem Mühlenbach gilt als die älteste noch existierende Latrinenanlage des Landes. Nach dem Dreißigjährigen Krieg wurde im Zuge der Wiederetablierung des Katholizismus eine weitreichende Barockisierung vor allem an der Westturmfassade durchgeführt. Der 82 Meter hohe Turm wurde damit zum zweithöchsten Kirchturm Niederösterreichs. Er symbolisiert eine glänzende Synthese romanischer, gotischer und barocker Stilelemente zu einem harmonischen Ganzen. Der mittelalterliche Kreuzgang symbolisiert den Übergang von üppiger romanischer Ornamentik zur eher zurückhaltenden Gotik. Im Kapitelsaal gehen von der einzigartigen Mittelstütze acht Halbsäulen ab, die die Äste eines Baumes symbolisieren. Die Stiftsbibliothek mit 420 mittelalterlichen Kodizes und 28.000 Werken stammt aus der Barockzeit, 37.000 Bücher neueren Datums erweitern den Bestandsbogen. Die legendäre „Bärenhaut" mit dem Stammbaum der Kuenringer ist eine ganz besondere Perle der Bibliothek.

Mit der übereilten Errichtung eines Truppenübungsplatzes nach dem „Anschluss" 1938 verlor allein das Stift Zwettl über 700 Hektar Wald und Ackerland. Insgesamt wurden damals von den Nationalsozialisten 7000 Menschen aus ihren 40 Dörfern vertrieben und um Haus und Hof gebracht, um der Wehrmacht für ein paar Jährchen Platz zu schaffen. Da Adolf Hitlers Vater aus dieser Region stammte, wurden die Dörfer nur „entwohnt", nicht abgerissen. Der Truppenübungsplatz **Döllersheim,** wie er damals hieß, wurde schnell zum größten militärischen Übungsgelände des gesamten Deutschen Reichs. Es konnten bis zu 40.000 Soldaten gleichzeitig üben. Döllersheim selbst war eine haufendorfähnliche Straßensiedlung am Kreuzungspunkt mehrerer Straßen mit einer typischen Waldviertel-Geschichte: Gründung im Hochmittelalter, Zerstörung durch die böhmischen Hussiten sowie zwei Jahrhunderte danach im Dreißigjährigen Krieg. Nach dem „Anschluss" hatte zunächst eine Nazi-„Wallfahrerei" zum Geburtshaus von Hitlers Vater nach Döllersheim eingesetzt. Man benannte sofort den Dorfplatz in Alois-Hitler-Platz um und ernannte Adolf Hitler zum Ehrenbürger, doch es half alles nichts, das Dorf wurde abgesiedelt und das Land dem Wehrmacht-Truppenübungsplatz zugewiesen. Die Kirchenbücher für Geburts-, Trauungs- und Todesfalleintragungen wurden dem Nachbarort übergeben. Döllersheim zeigt auch im Brennglas die seelische Entwurzelung des Migranten Adolf Hitler, der nach seinem Staatsstreich 1923 aus Bayern zwingend hätte abgeschoben werden müssen. 15 Jahre später war ihm die österreichische Heimat nichts mehr wert.

Nach der bedingungslosen Kapitulation der deutschen Wehrmacht 1945 wurde zunächst die Wiederbesiedlung des Truppenübungsplatzes mit ehemaligen Bewohnern zugelassen, die 1938 keine anderen Höfe im Austausch bekommen hatten, sowie mit Heimatvertriebenen aus Südtirol und Deutschböhmen. 1946 wurde der Truppenübungsplatz jedoch als „Deutsches Eigentum" von der sowjetischen Besatzungsmacht beschlagnahmt und dem Übungsbetrieb für bis zu 60.000 Rotarmisten

Stift Zwettl, 1138 in einer Kampschleife gegründet, ist heute das weltweit drittälteste Zisterzienserkloster. Seine Stiftsbibliothek umfasst neben 420 mittelalterlichen Codices 28.000 Barockwerke sowie 37.000 Bücher neueren Bestands.

zugeführt. 1955, nach dem Abzug der Rotarmisten, wollte man erneut eine Wiederbesiedlung aufnehmen, Pläne sprachen von zehn bis zwölf neuen Dörfern, einer europäischen Universität sowie von einem Kernreaktor für friedliche Zwecke. Es kam aber wieder anders, da das neu aufgestellte Bundesheer sich als neuer Nutzer ins Spiel brachte und auch entsprechende Mehrheiten fand. Beträchtliche Randgebiete aus dem Truppenübungsplatz wurden jedoch bei dieser Gelegenheit freigegeben. Ganz so martialisch wie auf anderen Plätzen geht es ohnedies nicht zu, schließlich führt quer durch das Areal eine zivile Landesstraße; als wesentliche Fahrzeitverkürzung nach Allentsteig darf diese in den Zeiten ohne Übungsbetrieb genutzt werden. 1964 benannte man den Truppenübungsplatz auf Allentsteig um, um verbal mit der Wehrmachtvergangenheit zu brechen.

Eine typische Besonderheit des Waldviertels sind romanische und gotische Karner. Gemeint sind damit Beinhäuser, die auch als Ossarien (lateinisch „ossa", Knochen) bezeichnet wurden. Überraschenderweise bezieht sich der Begriff Karner (lateinisch „carnalis", fleischlich) nicht auf Knochen (man denke an Karneval als „fleischlose Zeit"). Als gemauerte, überdachte Räume dienten sie zur Aufbewahrung von Gebeinen, wenn nach bestimmten Zeiten Gräber aufgelassen wurden. Typischerweise folgen die romanischen Karner einem kreisrunden Grundriss und werden von einem Kegeldach gekrönt. In aller Regel hatten Karner in der oberen Etage einen Andachtsraum, während der untere Bereich als Beinkeller diente. Die gotischen Karner folgten dieser traditionellen Form. Mit dem Auslaufen des Mittelalters folgte man anderen Visionen, im 18. Jahrhundert wurden viele Karner abgebrochen.

Dendrochronologische Analysen von Burgbalken der **Burg Rastenberg** weisen auf Fällungszeiträume zwischen 1193 und 1205 hin. Als schmale, lang gezogene Anlage bietet sie auf dem schroff abfallenden Granitfelsen Platz für einen Vorhof und zwei kleine Innenhöfe. Ein 27 Meter hoher, fünfeckiger Bergfried dominiert die 48 Meter lange Anlage, sein ursprünglicher Hocheinstieg liegt im fünften Geschoß, also in beträchtlicher Höhe. 1620 war die protestantische Burg im Nachgang des Prager Fenstersturzes und damit gleich zu Beginn des Dreißigjährigen Krieges ein erstes Kriegsopfer. Sie wurde geplündert. Trotz mehrfacher Umbauten konnte sie einen mittelalterlichen Charakter bewahren, daher gilt sie heute als eines der bedeutendsten romanischen Baudenkmäler Niederösterreichs.

Die **Ruine Lichtenfels** war eine Höhenburg hoch über dem Kamp, heute liegt sie auf einer Halbinsel im Stausee Ottenstein. Wie viele andere Burgenstandorte im Land fungierte sie als Keimzelle eines Rodungslehens. Übergreifendes Ziel aller Lehen war die Urbarmachung des Kamptals. Daher gehörte Lichtenfels ab 1156 zu Österreich. Über die Jahrhunderte gab es viele Besitzerwechsel, bevor 1790 die Besitzer das Handtuch vor der Dachsteuer warfen und dem Stift Zwettl einen Teil des Daches verkauften. Danach verfiel die Burg zusehends. Nur die Schlosskapelle ist noch erhalten, sie war sogar noch eine Zeit lang ein beliebtes Wallfahrtsziel. Heute, nach der Flutung des Stausees, ist die Ruine vom Wasser einer (künstlichen) Fjordlandschaft umgeben.

Burg Ottenstein dominiert den heutigen Stausee Ottenstein, bedingt durch den Rückstau ragt sie nicht mehr hoch über den Fluss auf. Ihre romanischen Gewölbefresken gelten als die ältesten ihrer Art in Niederösterreich. Im Papstzimmer sind akribisch die Päpste bis zum Baubeginn der Kapelle dargestellt. Die Wehranlage dürfte im gleichen Zeitfenster wie die Nachbarburgen gebaut worden sein. Ihre Anlage war offenbar gut durchdacht, da selbst in den Kanonenzeiten des Dreißigjährigen Krieges zweimal Belagerungen erfolgreich abgewehrt werden konnten. Das Besondere der Burgkapelle sind die romanischen Fresken, die in den 1970er-Jahren bei Sanierungsarbeiten freigelegt wurden. Sie gelten als früheste Monumentalmalerei Niederös-

Die Höhenburg Rastenberg in der Gemeinde Rastenfels – einsam gelegen, niemals zerstört – hat sich trotz mehrfacher Umbauten nicht nur ihren mittelalterlichen Charakter bewahrt, sie ist auch eines der bedeutendsten romanischen Baudenkmäler Niederösterreichs.

terreichs: Um das Lamm mit Kreuzstab gruppieren sich die vier Evangelisten mit ihren Symbolen und geben einen authentischen Eindruck des damaligen Kunstdenkens. Die Burg als solche wurde um 1870 im damaligen Zeitgeist romantisiert und mit Kegeldach sowie rot-weiß-roten Fensterläden versehen. In der Zeit des Nationalsozialismus wurde sie der „Entsiedelung" unterzogen, dabei verschwand eine umfangreiche Gemälde- und Waffensammlung samt wertvoller Bibliothek in fremde Taschen. Nach dem Krieg als ehemaliges deutsches Eigentum enteignet, war die Burg zur sowjetischen Offiziersunterkunft umgewidmet, was enorme Verwüstungen und Beschädigungen zur Folge hatte.

Fast in Rufweite der Purzelkamp-Mündung befindet sich **Schloss Waldreichs**. Es liegt auf der nördlichen Hochfläche am freien Feld über dem Stausee Ottenstein. Im Jahr 1258 erstmalig urkundlich erwähnt, war der Standort im Mittelalter Teil des Wehrburgenrings zum Schutz der österreichischen Mark. In der Zeit der herrschaftlichen Vereinigung mit Ottenstein wurde sie um 1530 zur groß angelegten Wasserburg umgebaut. Der Dreißigjährige Krieg ließ das Ensemble dennoch als Ruine zurück. Zur Zeit der Truppenübungsplatzausweisung wurde sie als verfallen geführt. Eine neue Chance bekam Waldreichs in den 1980er-Jahren, als die Anlage von der Windhag Stipendienstiftung für Niederösterreich übernommen wurde. Die Stiftung war vor 1700 vom gleichnamigen Freiherrn für begabte und bedürftige Studenten etabliert worden. Die Vierflügelanlage mit vorgelagertem Vorwerk und Torbau wurde wieder aufgebaut. Dem rechteckigen Hof, der an den äußeren Ecken mit drei- bis viergeschossigen Rundtürmen eingerahmt ist, setzte man ein Obergeschoß auf. Von

Der Stausee Ottenstein ist der oberste der drei Kampstauseen. Mit 73 Millionen Kubikmeter Wasser und 4,3 Quadratkilometer Wasserfläche ist er heute ein Besuchermagnet.

der Anfahrtstraße aus gesehen erhält man sogar wieder den Eindruck einer Wasserburg. Seither dient sie als Verwaltungssitz des Guts Ottenstein. Ein Greifvogelzentrum soll an die örtliche mittelalterliche Tradition der kaiserlichen Falkenmeister anknüpfen. Waldpädagogische Schulprogramme bringen alljährlich unzählige Waldwochen in den Schüleralltag und helfen damit, die Naturverbundenheit in der Region zu stärken.

Die **Burgruine Dobra** liegt malerisch auf einer wasserumfluteten Halbinsel inmitten des Stausees Dobra. Vor der Flutung des Stausees befand sich die Burg hoch über dem Kamptal. Erstmalig im Jahr 1186 urkundlich erwähnt, bedeutet der Burgname im Slawischen wohl schlicht „Wald". Obwohl Ruine, bieten die Burgreste eine Bilderbuchkulisse. Inzwischen sind die Mauern 750 Jahre alt, eine mittelalterliche Atmosphäre ist daher kaum verwunderlich. Nach einer Renovierung vor einem guten Jahrzehnt und dem Zubau eines Festsaals ist das Bauwerk zwar immer noch eine Ruine, macht aber trotz des ruinösen Zustands einen sehr wehrhaften Eindruck. Heute dient der Bergfried als Aussichtsturm. Die Burganlage ist eine begehrte Adresse, eine sogenannte Event-Location zum Beispiel für Hochzeiten oder Geburtstagsfeiern.

Der **Stausee Dobra** als mittlerer der drei mächtigen Kamp-Stauseen bringt es bei fünf Kilometer Länge auf 155 Hektar Wasserfläche. Erste Planungen dafür waren schon vor dem Ersten Weltkrieg angestellt worden, zu einem zweiten Anlauf kam es aufgrund der Weltwirtschaftskrise nicht. Erst mitten im Zweiten Weltkrieg wurden Pläne für gleich neun Speicherkraftwerke, drei Laufkraftwerke und einen Ausgleichsspeicher publik. Während der sow-

Die Ruine Lichtenfels hat durch den Aufstau des Stausees Ottenstein eine sehr malerische Lage bekommen. Ursprünglich lag die Burg auf einem bewaldeten Felskopf hoch über dem Kamptal.

Der Rückstau des Kamp hat sein tief eingeschnittenes Tal geradezu ertränkt. Dennoch drängt sich heute der Eindruck einer naturgewachsenen Fjordlandschaft auf.

jetischen Besatzungszeit arbeitete man zwar weiter an solchen Plänen, zur Umsetzung kam es aber zunächst nicht. Ab Oktober 1949 wurde dann doch gebaut: Die Staumauer wurde dafür zu einer materialsparenden Gewölbemauer umgeplant. Während der ersten Freilegungsarbeiten stieß man auf eine geologische Störzone, die man mit einer Verlegung der Staumauerposition um 50 Meter weiter flussabwärts umgehen konnte. Arbeiterstreiks und Hochwasser sorgten für weitere Verzögerungen, ebenso der Konkurs des Bauträgers. Die Baustelle war aber als systemrelevant eingestuft, sodass ausnahmsweise auf der Grundlage eines sogenannten Selbstkostenerstattungsvertrages weitergearbeitet werden durfte. Die offizielle Einweihung des Pumpspeicherkraftwerks erfolgte schließlich 1957. Der Nenndurchfluss beträgt seither meist 100 Kubikmeter pro Sekunde. Nur längere Trockenwetterphasen wie etwa 2018 reduzieren die maximale Generatorenleistung, wenn niedriger Wasserstand nur geringeren Druck aufbauen kann.

Der **Thurnberger Stausee** ist der dritte Kamptalstausee, genauer das Ausgleichswerk zu den beiden kampaufwärts liegenden Stauwerken. Er ist mit seinem 26 Meter hohen Staudamm der kleinste und erinnert mit zwei Kilometer Länge sowie schmaler Breite eher an einen Fjord als an einen See. Zusammen mit seinen beiden Pendants wurde er zu den fischreichsten Gewässern Österreichs. Hier gab es 2019 ein seltenes Schauspiel, als er für Instandhaltungs- und Modernisierungsarbeiten und für Verbesserungen im Hochwasser-

Burg Ottenstein trotzte im Dreißigjährigen Krieg zwei Mal erfolgreich einer Belagerung. Heute dient sie friedlicheren Zwecken.

Schloss Waldreichs wurde in den 1980er-Jahren wieder aufgebaut und gehört heute der Windhag Stipendienstiftung für Niederösterreich. Hier hat unter anderem das Forstamt Ottenstein seinen Sitz.

schutz entleert wurde. Solche Entleerungen hatten bislang nur in Jahren 1961, 1987, 1991 und 1999 stattgefunden. Man hatte den Zeitpunkt mit Anrainern, Fischereiberechtigten und Wassergenossenschaften umsichtig abgestimmt. Bei der Entleerung kam viel Schlamm am Seeboden zum Vorschein, denn Stauwehre greifen immer als Sedimentfänger in Flussdynamiken ein. Große Arbeit machte das Einsammeln der Fische, die am Ende der Bauarbeiten wieder im Stausee auszusetzen waren.

Die **Burg Krumau** wurde vor einem guten Jahrhundert wieder zur ansehnlichen mittelalterlichen Höhenburg. Schon im Hochmittelalter hatte sie einen natürlichen Einschnitt im Fels genutzt, um Wehrhaftigkeit zu zeigen und damit den strategischen Kampübergang zu schützen. Im Jahr 1056 erstmals erwähnt, tauchte Krumau 1141 in den Stiftungsbüchern von Stift Zwettl auf.

Ruine Schauenstein war ebenfalls Teil der Wehrburgenkette gegenüber Böhmen. Nicht wenige halten sie für eine der schönsten Ruinen des Kamptals. Obwohl seit vier Jahrhunderten schon eine Ruine, erhebt sich ein mächtiger, fünfeckiger Bergfried auf dem Burgareal. Fünfecktürme waren um 1250 große Mode aufgrund des wehrtechnischen Vorteils, dass Wurfgeschosse wegen jeweils schräger Flanken weniger Schäden verursachten. Die Kernburg ist durch zwei ungewöhnlich tiefe Grabenschnitte vom Vorgelände getrennt. Der phänomenale Ausblick von oben macht die mittelalterliche Standortentscheidung nachvollziehbar. Sich annähernde feindliche Heere waren schon von Weitem zu erkennen.

Kaum vorstellbar, dass bis in die 1980er-Jahre weitere umfangreiche Stauseepläne verfolgt wurden, die das Kamptal hier völlig ersäuft hätten. Manchmal gewinnt der Naturschutz eben doch, auch wenn Technokraten und Freizeitmanager eigentlich ganz andere Ziele im Kopf haben.

Für den **Großen Umlaufberg** ist der Kamp der Baumeister. Irgendwann in ferner Zukunft hätte der Kamp diese Flussschlinge durchbrochen, wenn ihm nicht die Erosionskraft durch das Kraftwerk Rosenburg genommen worden wäre. Seit 1908 verkürzt nämlich ein unterirdischer Triebwasserkanal den weiten Bogen des Umlaufbergs und nutzt das Kampwasser zur Stromgewinnung. Hier beginnen auch die gegenwärtigen Naturschutzkonflikte, da der Kraftwerksbetreiber den Aufstau erhöhen, den Kamp eintiefen und dadurch mehr Strom gewinnen möchte. Der ökologische Schaden wäre enorm, der echte wirtschaftliche Gewinn aber überschaubar. Der Niederösterreichische Naturschutzbund, WWF Österreich sowie verschiedene Bürgerinitiativen wie zum Beispiel „Lebendiger Kamp“ kämpfen daher vehement gegen solche Technokraten-Pläne.

Im Kamptal stillen viele Menschen seit vielen Jahrzehnten ihre Natursehnsucht. Alles scheint bestens. Die Kämpfe zwischen Ökologie, Freizeitnutzung und Wasserkraft sind vorüber. Die Technokraten haben zwar dreimal gesiegt, viel mehr wäre aber geplant gewesen. Die verwirklichten Stauseen hatten massive ökologische Auswirkungen. Im unteren Kamptal wurde zahlreichen Sommerfrischen der Todesstoß versetzt. Die Anliegergemeinden kämpften erfolglos um ihren Fremdenverkehr. Als dann die Kamp-Flussbäder tatsächlich ruiniert waren, durfte sich die geldige Betonfraktion der Kraftwerksbetreiber aus jeder Verantwortung drücken. Eine zwangsweise Entschädigung der vielen kleinen Existenzen wäre das Mindeste an Anstand gewesen. Die Politik ließ die kleinen Leute aber im Regen stehen. Rettung kam schließlich vom Konzept des sanften Tourismus mit den Argumenten der Nachhaltigkeit, Artenvielfalt und landschaftlichen Schönheit.

Das mächtige Benediktinerstift **Altenburg** thront hoch über dem Nordufer des Kamp. Im Hochmittelalter (1144) gegründet, entwickelte sich das reich dotierte Kloster schnell zu einem religiösen Zentrum der Region. Die Stifterfamilien hatten das Recht der Beerdigung innerhalb der Kloster-

In Krumau ist der Kamp breit genug, um schon seit dem Hochmittelalter Platz für eine Burg und eine kleine Ansiedlung zu haben.

mauern, was im gotischen Zeitgeist das Ziel aller irdischen Hoffnungen war. Die Oberaufsicht hatte das ferne Bistum Passau, die ersten Mönche kamen aus der Steiermark. Die Mönchszellen waren nach dem sogenannten himmlischen Jerusalem-Maß verwirklicht worden, sie waren gleich lang, gleich breit und gleich hoch. Die Abtei wuchs im Lauf der Zeit durch zahlreiche Schenkungen von Ländereien, Höfen und Burgen bis weit hinaus in den Donauraum, aber vornehmlich im Wald- und Weinviertel. Die beiden Türkeninvasionen 1529 und 1683 rotteten alles wieder aus. Vier Jahrhunderte „Ora et labora" wurden innerhalb von Tagen ausgelöscht, obwohl die Hauptkriegsmacht der Türken vor Wien gebunden war. Die heute so friedlichen Schweden brachten zwischendurch auch noch Mord und Totschlag. So herrlich sich das heutige Kloster also darstellt, es bedurfte mehrerer Generationen des Wiederaufbaus. Altenburg zählt heute zu den großen Sehenswürdigkeiten des österreichischen Spätbarocks, ein riesiger Baukomplex, der architektonisch in lose Systeme von Pavillons zerlegt wurde. Eine gut 200 Meter lange Fassade ist durch die Kirchenapsis harmonisch unterteilt, die legendäre Symbolverliebtheit des Barocks ist für jedermann sichtbar. An den ovalen Grundriss reihen sich sechs Kapellennischen, der lange Chorraum steht auf mittelalterlichen Fundamenten. Desgleichen verleiht der phänomenale Bibliotheksbau ausgewogene Raumharmonie und bringt Malerei und Stuck

Die Ruine Schauenstein aus dem Hochmittelalter mit ihrem fünfeckigen, 30 Meter hohen Bergfried thront hoch über den tief eingeschnittenen Waldhängen des Kamptals.

zur harmonischen Symbiose. Die prächtig ausgemalte Krypta zeigt fantasievolle, aber auch groteske Totentänze, hier trifft das Mittelalter auf Barock, wenn römische Göttergestalten zum Tanz bitten. Alles scheint auf ein „Memento mori“ ausgerichtet zu sein, schließlich hatte der heilige Benedikt ja in einer Regel festgehalten, sich den unberechenbaren Tod täglich vor Augen zu halten.

Für den Wiener Kaiser war im Stift ein eigener Kaisertrakt samt prunkvollem Treppenhaus errichtet worden. Ein 1738 von Paul Troger verwirklichtes Deckenfresko thematisiert die Harmonie von Glauben und Wissenschaft. Aufgrund der Anordnung der doppelläufigen Kaiserstiege hat man zwei Optionen: Man kann die Seite der Wissenschaft oder die der Religion wählen, am Ende vereinen sich die Wege aber doch wieder.

Die verheerenden Glaubenskriege erodierten das alte Weltbild und ermöglichten so der Wissenschaft den Siegeszug. Es waren aber die leeren Staatskassen, die Kaiser Joseph II. (1741–1790) dazu brachten, alle „unproduktiven“ Klöster rigoros enteignen zu lassen. Betroffen waren Orden, die keine Krankenpflege, Schulen oder andere soziale Aktivitäten betrieben. Im Falle Altenburgs wurde „nur“ die Aufnahme neuer Novizen untersagt, das Kloster aber nicht aufgehoben, sondern fortan als österreichisches Militärhospital geführt. Aufgehoben und enteignet wurde es erst durch die Nationalsozialisten und danach durch die sowjetische Besatzungsmacht. Nach Abzug der Roten Armee konnte man 1955 jedoch wieder an alte Traditionen anschließen. Heute ist die Abtei generalsaniert und engagiert sich im nachhaltigen Wirtschaften.

Im Mittellauf hat der Kamp mehrere Umlaufberge herauspräpariert, indem sich seine Mäander immer tiefer in den Granituntergrund eingeschliffen haben.

Die frei stehende Filialkirche St. Nikolaus in Fuglau, errichtet im 13. Jahrhundert als Wehrkirche, zerstörten 1430 die Hussiten. Um 1680 wurde das Kirchenschiff im barocken Stil neu erbaut, 1750 ein Turm, den man 1860 neogotisiert.

Die Benediktinerabtei Stift Altenburg liegt majestätisch in einsamer Lage hoch über dem Kamptal. Im Hochmittelalter (1144) gegründet, wäre sie 1681 im Zuge der Wiener Türkenbelagerung fast ausgelöscht worden.

Es ist der Karner, der die ursprünglich als Wehrkirche angelegte Pfarrkirche von Friedersbach so besonders macht: Der gotische Rundbau mit spitz gemauertem Kegeldach diente der Aufbewahrung von Gebeinen, wenn nach einer bestimmten Zeit Gräber aufgelassen wurden.

Der Kamp hat sich ein tiefes Tal geschaffen, in dem oft nicht einmal ein Weg Platz hat.

Das tiefe Kamptal bietet nur manchmal, wie hier in Steinegg, genügend Platz zum Siedeln.

Das untere Kamptal und Taffa

Seit etwa 30 Millionen Jahren macht der Kamp seinen charakteristischen Bogen im Horner Becken; damals mündete er bei Langenlois ins Meer. Das tief eingeschnittene Kamptal entstand erst mit der Aufwölbung der Alpen zum Hochgebirge vor gut 20 Millionen Jahren. Dadurch wurde auch die Böhmische Masse angehoben, wodurch sich zeitgleich der Fluss immer tiefer eingrub. Im unteren Kamptal brachte ständiger Windeintrag Sedimente in die mächtigen Lössschichten. Dadurch mutierte auf einzigartige Weise ein „Wald“-Fluss zum „Wein“-Fluss. Hier finden sich an steilsten und flachgründigen Hängen lindenreiche Schluchtwälder, felsdurchsetzte Eichen-Föhrenwälder, Fels- und Trockenrasen mit wärmeliebenden Lebensgemeinschaften, hier überleben mit süd- und osteuropäischen Steppenarten sogar pannonische Elemente. Geologische und klimatische Bedingungen ermöglichen eine intensive Durchdringung von Natur- und Kulturlandschaft und damit eine enorme Vielgestaltigkeit. Die Südhänge erlauben eine Weingutbewirtschaftung zusammen mit reichen Zwischenstrukturen, also Trockenrasen auf Böschungen, mit Lößwänden und Trockenmauern, mit Hecken und Obstbäumen. Sie sind Wanderkorridore für eine reiche Tier- und Pflanzenwelt.

Dem unteren Kamp zu folgen, heißt auch Persönlichkeiten zu folgen. Friedrich Hundertwasser (1928–2000) war vom oberen Kamp geprägt, Franz von Suppè (1819–1895) vom unteren Kamp. Auch Adalbert Stifter (1805–1868) wäre ohne seine Waldwerke wohl nicht zu Weltruhm gelangt. Geht man weiter zurück, war Walther von der Vogelweide (um 1170–um 1220) offenbar ein Kind des Waldviertels, glaubt man den jüngsten Historikerrecherchen. Natürlich wären viele Aristokraten zu nennen, die mit viel persönlichem Einsatz ihre Burgen und Schlösser geschaffen und vor allem erhalten haben.

Die im Jahr 1889 eröffnete eingleisige Kamptalbahn machte das Tal schnell zum Wiener Ausflugsziel. Eine solche Bahnverbindung war schon 25 Jahre zuvor als zentrale Trasse nach Südböhmen vorgesehen gewesen, bevor man einer bautechnisch weniger schwierigen Variante schließlich den Vorzug gab. Das Kamptal war damit zunächst von staatlichen Eisenbahnplänen abgehängt, sodass 1887 die private „Österreichische Localbahngesellschaft“ zum Zug kam: Für den Bau einer Lokalbahn galten einfachere Kriterien, was das Kamptal dann doch noch „bahnfit“ gemacht hat. Der Bau im engen Tal bedeutete aber viele Felssprengungen und Untertunnelungen, um notwendige Gleisradien sicherzustellen. Für die Postkutsche brachte die neue Bahn das schnelle Ende, sie fuhr im Juli 1889 mit wehender Trauerfahne ein letztes Mal durchs Tal. Ein zeitgenössischer Bericht war melancholisch: „Die stimmungsvollen Klänge des Posthorns sind zum Schweigen gebracht durch den grellen Schrei der Maschine.“ Für die umliegenden Orte war der Bau ein wirtschaftliches Wachküssen, nun bekamen landwirtschaftliche Produkte wie Getreide oder Wein dank der neuen Transport-Option einen ordentlichen Marktwert. Zudem entwickelten sich zahlreiche Orte zu gut besuchten Sommerfrischen, in denen Großfamilien ihren Sommer verbrachten,

Seite 88 und 89: Hier bestanden in Gars vor gut 100 Jahren mondäne Flussbäder am Kamp, die wegen der sogenannten Busserl-Züge aus Wien gut besucht waren. Heute haben diese Standorte andere Funktionen. Im Bild eine Rehaklinik.

Haselberg ist ein kleines 55-Seelen-Dorf an einem Nebenfluss der Großen Taffa.

während die Ehemänner wochentags in Wien arbeiteten. Dieser Situation hat die Bahn im Volksmund den Beinamen „Busserlzug" zu verdanken. Der wohl berühmteste Stammgast war der Komponist Franz von Suppè, der hier einen eigenen Landsitz samt weiträumigem Gartenpark unterhielt. Das Museum in Gars stellte ihm daher ein eigenes Stockwerk zur Verfügung, als die Gedenkstätte im ehemaligen Wohnhaus des Komponisten aufgegeben werden musste.

Das Horner Becken markiert einen tektonischen Einbruch innerhalb der Böhmischen Masse und repräsentiert gleichzeitig den Ostrand des Waldviertels. Die großflächig eingedellte Mulde liegt 100 Meter unter dem umliegenden Gelände und schafft so eine abgeschlossene Gegend mit günstigeren Klimabedingungen gegenüber dem Rest des Waldviertels. Das Becken zählt zu den trockensten Gebieten Österreichs und ist von einem weitgespannten Waldkranz umgeben. Es wird von der Taffa durchflossen, ist windgeschützt und vergleichsweise niederschlagsarm. Diese Sonderlage lockte schon ab der Jungsteinzeit Siedler an, im Mittelalter wurde diese Landschaft mit dem Namen Poigreich belegt. Etwas unterhalb vom Südknick des Kamp (oberhalb von Gars) mündet die Taffa ein. Ihr Name leitet sich vom slawischen „Dabina" (Schluchtbach) ab. Mit der Großen und der Kleinen Taffa kommen rund 250 Quadratkilometer zusätzliches Einzugsgebiet zum Kamp. Wichtigster Ort an der Taffa ist **Horn,** eine Ackerbürgerstadt mit einer gesicherten Vergangenheit bis zurück in die Steinzeit. Urkundliche Sicherheit gibt es erst ab dem 11. Jahrhundert, als „Hornarun" als kleine Kirchensiedlung um eine Wehrkirche genannt wurde. Bald darauf entstand eine Burgstadt um einen kleinen Dreieckplatz. Ein Jahrhundert später war man bereits Stadt, die sich zur wichtigen Maut- und Zollstätte entwickelte. Als Sitz eines Hochgerichts zeigt sich ihre besondere Bedeutung. Vor allem in der Reformationszeit hatte Horn unruhige Zeiten zu überstehen. 1608 schlossen sich im Vorfeld des Dreißigjährigen Krieges protestantische Adelige im Horner Bund gegen die katholische Landeshoheit zusammen. Bereits ein Jahrzehnt später war dies wieder Geschichte, als Friedrich V. (1596–1632), der sogenannte Winter-

Mödring im Einzugsgebiet der Großen Taffa gehört heute zur Stadtgemeinde Horn.

Kloster Pernegg, an einem Zubringer der Taffa gelegen, bietet sich heute als Ort der „Entdeckung der Stille" an. Als Waldviertler Fastenzentrum lädt es zum Entspannen und Energietanken ein. Im Klostergarten wird frisches Gemüse für die Fastenküche gezogen.

Schloss Wildberg in der Gemeinde Messern, hoch über dem Taffa-Tal, wird wegen seines rot-weiß-roten Schildes auch als „Wappenschloss" bezeichnet, da eine Verbindung zu den heutigen Nationalfarben Österreichs bestehen könnte.

Schloss Horn war früher die Stadtburg innerhalb der ummauerten Stadt. In der Neuzeit wurde die dreiflügelige Schlossanlage daraus, zusammen mit dem charakteristischen polygonalen Eckturm.

Die Altstadt von Horn ist um den zentralen Hauptplatz angeordnet, die Kirche St. Georg in der Mitte. Die ursprünglichen Stadttore (Prager Tor, Wiener Tor und Raaber Tor) wurden in den 1860er-Jahren abgebrochen.

Die im Kern romanische Pfarrkirche in Strögen liegt abseits der Siedlung an der Kleinen Taffa. Ein eingemauerter Grabstein mit einem gravierten Stangenkreuz nennt das Sterbejahr 1349.

Die weithin sichtbare Wallfahrtskirche Maria Dreieichen ist ein markantes Beispiel des Waldviertler Barocks.

könig, 1620 die Schlacht am Weißen Berg bei Prag verlor.

Der Graselturm in Horn ist eigentlich ein Stadtturm aus dem Jahr 1520, seinen Namen erhielt er aber erst von Johann Georg Grasel (1790–1818). Als böhmisch-mährisch-österreichischer Räuber machte er mit seiner Bande gut zehn Jahre lang das Land beiderseits der Grenze unsicher und erwarb sich den Ruf eines gefürchteten „Räuberhauptmanns" („grazel" ist im nahen Böhmen ein Schimpfwort). Grasel blieb aber lange Zeit unter dem Radar der Obrigkeit. Erst nach einem spektakulären Raubmord in Zwettl raffte man sich zu einer Großfahndung auf und setzte sagenhafte 4000 Gulden Kopfgeld aus, was schnell zur Verhaftung anlässlich eines abendlichen Wirtshausgelages führte. Bei seiner Gefangennahme hatten sich rund 200 Delikte angesammelt. Die Justiz nahm ihren Lauf, Grasel wurde zusammen mit zwei Kumpanen zum Tod verurteilt und gehenkt. Seine Räuberkarriere wird posthum vor allem seit Tourismuszeiten verherrlicht, selbst Robin Hood wird in die Legendenbildung eingespannt.

Im Horner Höbarthmuseum, das von dem Waldviertler Archäologen Josef Höbarth (1891–1952) gegründet wurde, werden die wichtigsten urgeschichtlichen Sammlungen Niederösterreichs gezeigt. Der Waldviertler Archäologe entdeckte unter anderem steinzeitliche Siedlungen in Kamegg und Horn/Sandgrube.

Im Jahr 1910 sorgte der österreichische Mechaniker und Pilot Karl Illner (1877–1935) für Aufsehen. Ihm gelang es, als Erster die 80 Kilometer lange Strecke von Wien nach Horn hin und zurück innerhalb von 24 Stunden zu

Ab 1859 wurde die vom Verfall bedrohte Burg Rosenburg umfassend restauriert und als eine der ersten Burgen Österreichs öffentlich zugänglich. Vorlage war die Darstellung der „Topographia Windhagiana" von 1673.

fliegen. Die Stadt Wien hatte für diese Herausforderung ein Preisgeld von 20.000 Kronen, das entspricht heute rund 200.000 Euro, ausgeschrieben. Illner flog eine sogenannte Etrich-Taube, die von Igo Etrich entwickelt worden war.

Die Wallfahrtskirche **Maria Dreieichen** ist ein markantes Beispiel des Waldviertler Barocks. Sie wurde zwischen 1744 und 1750 an einer Drillingseiche, einem beliebten Ziel von Wallfahrern, errichtet. Man entschloss sich zu einem weithin sichtbaren Kirchenbau. Der Name der Basilika soll auf eine dreistämmige Eiche mit einem Vesperbild zurückgehen, dem letztlichen Keim der Wallfahrt. Zwar ist der Innenraum mit seiner mächtigen zentralen Ovalkuppel eine vereinfachte Version der Altenburger Stiftskirche, doch stehen die Fresken samt zartfarbigem Kuppelfresko dem Original in keiner Weise nach. Dies liegt auch daran, dass im beginnenden Rokoko die barocken Formen geradezu zu wuchern und alle Innenwände zu verdecken begannen. Der gewaltige Bau wurde unter anderem mit privater Beteiligung der Altenburger Mönche und der Horner Bürgerschaft finanziert. Akustisches Glanzstück ist die Orgel des Wiener Orgelbauers Anton Pfliegler (1736–1805), der sich im Windkanal mit der Jahreszahl 1780 verewigt hat. Die Orgel blieb bis heute vor größeren Eingriffen verschont und ist somit die größte im Original erhaltene des Meisters. Derzeit werden Spenden gesammelt, um sie fachgerecht nach den damaligen Kriterien zu sanieren und letztlich wieder im ursprünglichen spätbarocken Klang erklingen zu lassen. Etwas abseits der Kirche duckt sich ein Cholerafriedhof mit schmiedeeisernen Kreuzen an den Waldrand. Ein mittiger Gedenkstein erinnert an die Choleraepidemie im Spätsommer 1866: Nach der gewonnenen Schlacht in Königgrätz waren preußische Truppen nach Wien marschiert und hatten die Seuche im Gepäck. Durch erzwungene Einquartierungen in Privathäuser verbreitete sich die Krankheit rasend schnell, ganze Familien wurden ausgelöscht. Sterberegister zeigen, wie die Cholera von einem zum anderen Ort übergriff. Unter den Soldaten überstieg die Zahl der Toten die Zahl der Gefallenen vorausgegangener Kampfhandlungen.

Die Burg **Rosenburg** ragt als wehrhaftes Schloss hoch über das Tal auf. Sie konnte auf beste Lage über dem Kamptal zurückgreifen und gilt heute als Wahrzeichen des unteren Kamptals. Zu Beginn des Dreißigjährigen Krieges (1620) metzelten protestantische Truppen die gesamte katholische Burgmannschaft hin. An diese Bluttat erinnert heute eine Säule. Fortan blieb die Burg Ruine, zumal im Zeitalter mauerbrechender Kanonen Burgmauern keinen militärischen Wert mehr boten. Erst im 19. Jahrhundert wurde die Burg Rosenburg aus ihrem Dornröschenschlaf erweckt, als ein vermögender Zeitgeist seine Mittelalter-Begeisterung zu Stein werden ließ und mit viel Geld den Wiederaufbau in Angriff nahm: Die Burg wurde dabei zum Traumschloss umgebaut. Die große Vergangenheit wird seit damals immer wieder mit dem Ohrwurm aus „Des Knaben Wunderhorn“ besungen: „Es liegt ein Schloss in Österreich / das ist gar wohl erbauet / von Silber und rotem Gold / mit Marmorstein gemauert …“

Flussbäder am Kamp wurden viele Jahrzehnte lang in einem Atemzug mit der Kamptalbahn genannt, sie gehörten zusammen. Anfangs war der Kamp oft nur mit einem Wehr aufgestaut, um genügend tiefe Badestellen zu schaffen. Bald kamen schlichte hölzerne Badehütten dazu, bis schließlich ansehnliche Badeanstalten entstanden, in denen sich bodenständige Handwerkskunst austoben konnte: Hölzerne Lauben, Türmchen mit Laubsägendekor, originelle Dachformationen, Café-Pavillons und dekorative Pagodendächer, alles wurde liebevoll umgesetzt. Von den ursprünglich zahlreichen Bädern sind immerhin noch sechs erhalten, obwohl die Stauseebauten flussaufwärts jeden Badebetrieb zum Erliegen gebracht haben. Das Kampwasser war schlicht nicht mehr warm genug für einen echten

Die Kampbrücke hinauf zur Burg Rosenburg ist viel befahren, seit die Burg wieder aufgebaut wurde.

Badespaß. Zum Turbinenbetrieb wird Stausee-Tiefenwasser entnommen, was flussabwärts badefähige Wassertemperaturen zunichtemachte.

Gars am Kamp, im bairisch-österreichischen Raum „Goasch" ausgesprochen, war seit der Stein- und Bronzezeit ein begehrter Siedlungsplatz. In der Urnenfelderzeit (1050–800 vor Christus) bestand eine große dörfliche Anlage; der Siedlungswall ist teilweise noch erkennbar. Eine nachfolgende Siedlung wurde in den Zeiten desaströser Ungarneinfälle ausgelöscht. Erst nach gut 50 Kriegsjahren konnten die Auseinandersetzungen mit den Ungarn in der legendären Schlacht auf dem Lechfeld (955) beendet werden. Die gefangenen ungarischen Anführer wurden in Regensburg gehenkt. Dies war die Zeit, als die Babenberger die Neubesiedlung in die Hand nahmen. Kurz vor 1100 wurde die Residenz von Melk hierher verlegt. Gars war damit für zwei Jahrzehnte die „Hauptstadt" Niederösterreichs, bevor ab 1120 Klosterneuburg bei Wien zu dieser Obrigkeitsehre kam.

Die **Burgruine Gars** am Kamp steht weithin sichtbar über dem Kamp. Um 1120/1130 erbaut, war die Höhenburg Teil der Wehrkette gegen die Böhmen. Das Bauwerk ist von einer Ringmauer umschlossen, besitzt einen mächtigen Torturm so wie eine befestigte Vorburg. Sie gilt denn auch als eine der größten des Landes. Später wurde ein großes Renaissanceschloss daraus. Dieses verfiel aber zur Ruine, als sich die Besitzer die Dachsteuerbelastung sparen wollten. Obrigkeiten waren, wie schon gesagt, immer erfinderisch, wenn es darum ging, ihre Untertanen zu schröpfen. Viel vom Ruinenzustand ist allerdings der übereilten Eigenzerstörung von 1809 geschuldet, als Napoleons Truppen im Anmarsch waren. Heute dient die Ruine alljährlich als Freiluft-

Die gotische Gertrudskirche von Gars am Steilhang der Burgruine Gars geht auf eine Stiftung einer karolingischen Königstochter zurück, die kantige Westfassade ist mit einem Kuppelhelm gekrönt.

Zitternberg ist ein Ortsteil von Gars. Die ursprüngliche Siedlung am Kampufer hat sich heute in ein kleines, zum Kamp hinführendes Tal ausgebreitet.

Die markante hochmittelalterliche Burg Gars wurde 1809 durch Eigenzerstörung zur Ruine, als man sich nicht mehr vor der anmarschierenden Armee Napoleons zu retten wusste.

Schloss Buchberg hat Wurzeln einer hochmittelalterlichen Burg und wurde später in ein Schloss umgewandelt. Der Schlossgarten besticht durch viele permanente Kunstinstallationen.

Plank war nach der Kamptalbahn-Eröffnung eine begehrte Sommerfrische mit zahlreichen Villen, auch als Weinort machte es von sich reden. Beides ist heute Geschichte.

bühne für das bekannte Garser Opernfestival. Die gotische Gertrudskirche gleich unterhalb der Burg stammt aus der Zeit vor 1250. Zwar gab es später Umbauten, etwa der kantigen Westfassade mit dem Kuppelhelm und den Eckpyramiden, die bildbetonten Glasfenster stammen jedoch aus der Gotik.

Die Ruine **Schonenburg** liegt dominant hoch über Schönberg am Kamp. Als stolze Burg Schenperg beherrrschte sie bis 1848 das Kamptal, dorthin waren jahrhundertelang alle Erlöse geflossen. Die Bauern mussten bis dahin meist für fremde Rechnung arbeiten, die Grundherren hielten alle wirtschaftlichen Fäden in der Hand. Nicht zu vergessen: Auch kirchliche Pfründe forderten mit Zehentlasten ihren jährlichen Tribut ein. Es verwundert daher schon, dass sich der Bauernstand diese Abgabenlast über so viele Jahrhunderte gefallen ließ. Nur in den Bauernkriegen hatte man kurzzeitig Oberwasser, bis die Obrigkeiten mit dem Geld der Abgaben Profisoldaten anwerben und die Bauern niedermetzeln ließen. Irgendwann war das Fass aber dann doch übergelaufen: Hatte man die Ideale der Französischen Revolution noch verhindern können, war 1848 kein Deckel mehr groß genug. Kaiser Ferdinand I. (1793–1875) suchte dann auch schnell das Weite und überließ genervt seinem blutjungen Neffen Franz Joseph I. (1830–1916) das Feld. Wie ernst die Lage war, zeigt der Lynchmord an einem Wiener Minister in diesen Revolutionstagen. Die folgende Bauernbefreiung führte zur Grundbesitzübertragung auf die Bauern. Ohne die ständigen Zwangsabgaben war aber die Herrschaft Schonenburg nicht zu halten, die Burg wurde als Steinbruch freigegeben.

Die nahezu 21 Meter hohe Kamptalwarte erlaubt einen hervorragenden Blick ins Kamptal. Sie war nur acht Jahre nach der Jungfernfahrt der Kamptalbahn in neugotischem Baustil verwirklicht worden, um die touristische Erschließung des Kamptals weiter zu fördern. Damals wurde sie „Kampthalwarte“ benannt. Der 351 Meter hohe Heiligenstein ist ein südlicher Ausläufer des Manhartsbergs (537 Meter), des Namensgebers für die ursprüngliche Bezeichnung des Waldviertels: Viertel ober dem Manhartsberg.

Zwei Jahrhunderthochwasser innerhalb von 22 Jahren, 2002 und 2024, haben auch am Kamp gezeigt, wer eigentlich Herr im Lande ist. Zwar konnte man über die Stauseen etwas balancierend eingreifen, doch auch die Öffnung der Schleusen konnte die Hochwasserkatastrophen nicht verhindern, zu heftig waren die Niederschläge: Überall in Niederösterreich gab es höchste jemals gemessene Zweitages-Niederschlagsmengen. Alle Hochwasser der letzten 100 Jahre wurden enorm übertroffen, schon der Niederschlag einer einzigen Nacht drohte den Staudamm Ottenstein zu überfluten, weshalb alle Notschleusen geöffnet werden mussten. Alle Orte am Kamp wurden geflutet, zum Teil suchte sich der Fluss ein neues Bett. Das Öffnen von Poldern konnte nur bedingt Entspannung bringen. Natürlich gelobten alle gummistiefelbewehrten Politiker schnelle Abhilfe und unbürokratische Hilfen; Unstimmigkeiten zur sachgerechten Entschädigung hatten dennoch 2002 die Wiener Bundesregierung schnell zerbrechen lassen und vorzeitig Neuwahlen heraufbeschworen. Das Kind war also wieder einmal in den Brunnen gefallen. Natürlich dauert es, bis Rückhaltebecken umgesetzt sind und Auwälder Schwammwirkung entfalten können. Das nächste Jahrhunderthochwasser wartet aber keine 100 Jahre mehr.

Oberplank schmiegt sich an das rechte Kampufer mit der Filialkirche St. Magdalena auf einem exponierten Felsvorsprung und in nächster Ufernähe.

Stiefern gehörte als Ort vier Jahrhunderte der Kartause Aggsbach in der Wachau. 1790 konnte sich der Ort freikaufen und eine eigene Gemeinde formen.

Die Burg Schonenburg in der Gemeinde Schönberg am Kamp beherrschte früher den Talausgang. Ein Vischer-Stich von 1672 zeigt eine noch weitgehend intakte Befestigungsanlage, die aber ab 1778 für Baumaterial von Wohnhäusern in der unmittelbaren Umgebung abgetragen wurde.

Die Kamptalwarte war ein Kind der 1889 eröffneten Kamptalbahn, die zur touristischen Erschließung des Kamptals führte. Im neugotischen Stil 1897 auf dem Heiligenstein errichtet, bietet sie einen herrlichen Rundblick. Initiator des Turmbaus war der Österreichische Touristenklub, der seit 130 Jahren dieses begehrte Wanderziel anbietet.

Der Unterlauf des Kamp hat wegen seiner vielen Windungen oft nur Platz für den Flusslauf, eine Straße und die Bahnlinie.

Nach Zöbing weitet sich das Kamptal auf und geht fließend ins Weinviertel über. Dennoch sind Hochwasser für den Ort immer noch ein enormes Risiko.

Das Kremstal

Es kommt nicht alle Tage vor, dass zwei Flüsse auf vergleichsweise engem Raum gleiche Namen haben. Die Krems schafft das, beide Flüsse scheinen sich gegenseitig an Naturnähe und Anmut sogar überbieten zu wollen. Es ist die Rede von der ober- und der niederösterreichischen Krems. Im Namen könnte das vorrömische Ausgangswort „Cremisia" als etymologische Grundlage gelten, was als „ins Gestein einschneidendes Gewässer" Sinn ergeben würde. Im Fall des Waldviertels bringen mit der Großen und Kleinen Krems zwei Quellflüsse die Krems auf den Weg.

Ottenschlag hatte Bauernaufstände und Schwedenüberfälle sowie sechs Brandkatastrophen zu überstehen und wurde darüber hinaus zum Kriegsende von russischen Bombern attackiert. Dennoch hat der Ort ein ansehnliches Schloss. Die eigentliche Burg wurde aber abgetragen und die Burggräben verfüllt. Das Baudatum ist nicht mehr genau feststellbar, außer dass am Renaissanceportal die Jahreszahl 1554 hervorsticht. Herausgekommen ist ein dreiflügeliger wuchtiger Bau mit massiven Rundtürmen und anmutigen Kegeldächern, der Innenhof ist im Osten mit einer hohen Bruchsteinmauer abgeschlossen. Spätere Nutzer hatten die Anlage zur Fabrik umgebaut, weiters kamen drei Jahrzehnte der Schulhausnutzung dazu.

Auch die Kleine Krems beginnt als kleiner Bach.

Seite 108 und 109: Das untere Kremstal weitet sich schon vor Senftenberg auf und ist zunehmend dicht besiedelt.

Das prächtige Schloss Ottenschlag steht wie zu erwarten auf mittelalterlichen Burgmauern. Es hat schon diverse Nutzungen gesehen, unter anderem als Fabrik und Schule.

Das sprechende Wappen von **Kirchschlag** enthält wie zu erwarten einen Kirchturm und zwei Äxte; hier wurde also Holz für eine Kirche geschlagen. In einer Urkunde des Jahres 1140 ist der Ort als „Chuislach“ vermerkt. Bei einer Einwohnerzahl von 617 (laut der Zählung von 2023) ergibt sich eine Bevölkerungsdichte von 21 (fast skandinavische Verhältnisse also). Die Whisky-Erlebniswelt des Orts geht auf die Entscheidung eines Roggenreither Bauern in den 1990er-Jahren zurück, als abzusehen war, dass seine Hofgröße nicht den absehbaren EU-Tendenzen gewachsen sein würde. Er gründete die erste Whisky-Destille Österreichs auf Roggenbasis. Damit war auch die nachhaltige lokale Basis gefunden, da Roggen hier optimal gedeiht. Spitze Zungen sprechen andernorts auch vom Granit-Whisky. Beim „Wasser des Lebens“ gilt es die amerikanische und irische (Whiskey) und die schottische Schreibweise (Whisky) zu unterscheiden. Die vermutete Sprachwurzel „Uisge Beatha“ aus dem Gälischen (eine Übersetzung des lateinischen Begriffs „Aqua Vitae“) dürfte die ursprüngliche Bezeichnung sein. In Kirchschlag erfährt man, wie aus Roggen Whisky wird, welche Verarbeitungsschritte durchlaufen werden und wie bei der dreijährigen Holzfasslagerung jährlich ein Prozent der eingefüllten Menge verloren geht. Dies klingt wenig, hat jedoch akribische Konsequenzen bei der Festlegung der Alkoholsteuer durch die Zollbehörden. Um in der Terminologie zu bleiben, wird hier „Single Malt“ hergestellt, da aller Whisky aus einer einzigen Brennerei kommt (ansonsten wäre es ein „Blended Malt“).

Burg Hartenstein wurde im Hochmittelalter wohl von einem Kuenringer-Gefolgsmann erbaut, 1187 war ein Heinricus de Hertinsteine aktenkundig. Später wechselten die Eigentümer ziemlich häufig. Obwohl sie vor dem Dreißigjährigen Krieg wohl schon aufgegeben war, wurde sie 1645 nochmals in Aktion gesetzt und widerstand einer kurzen Belagerung durch die Schweden erfolgreich. Bald danach wurde sie samt ihrer 117 Untertanen des Orts verkauft. Kurz vor 1800 setzte man schließlich noch

Großheinrichschlag hat die Rodungsvergangenheit der Siedlung dauerhaft im Ortsnamen festgehalten.

Die Pfarre St. Johann in Großheinrichschlag liegt abseits des Orts weithin sichtbar auf einem Hügel. Romanische Wurzeln verbinden ein barockes Langhaus und einen spätgotischen Chor samt vorgestelltem Westturm.

Burg Hartenstein: So stellt man sich eine mittelalterliche Musterburg vor – uneinnehmbar hoch über einer Flussschleife und in einsamer Umgebung.

Die kleine Ortschaft Els wurde schon 1180 als Besitz der Herrschaft Hartenstein genannt.

Schon der bloße Straßenverlauf zeigt die Tiefe des Taleinschnitts der Kleinen Krems.

alles brauchbare Material für den Bau eines Jagdschlösschens ein, die Hauptburg war inzwischen längst eine Ruine. In der NS-Zeit diente Hartenstein dem Deutschen Jugendherbergswerk als „Jugendburg". Unterhalb der Burg hinterließen Neandertaler in der 30 Meter tiefen Gudenushöhle rund 70.000 Jahre alte Siedlungsspuren.

Lichtenau im Waldviertel liegt an der Wasserscheide der Krems zum Kamp, der Namenszusatz im Ortsnamen soll Verwechslungen vermeiden. Die 2000-Seelen-Gemeinde ist erneut ein Ort des Waldviertels, der vor 100 Jahren noch fast ein Drittel mehr Einwohner hatte. Dies wurde in den 1960er-Jahren durch eine Gemeindezusammenlegung verwaltungsmäßig aufgefangen. Spitze Zungen sprachen von notwendigen Verschlankungen. Man verzichtete unter anderem auf den Gendarmerieposten und das Postamt, was in Zeiten vor der Digitalisierung durchaus nicht allen gefiel. Die fortschreitende Digitalisierung dürfte dies auffangen können. Die dreiflügelige Schlossanlage im Ort geht im Kern auf das Spätmittelalter zurück, ein drittes Geschoss wurde erst vor einem Jahrhundert abgetragen. Im Ortsteil **Brunn am Walde** befindet sich ein Wasserschloss mit erhaltenem Wassergraben und einem erhöht gelegenen ehemaligen Schlossgarten. Er dient heute als Karikaturengarten mit besinnlich karikierter Objektkunst aus Stein, Holz, Keramik, Eisen sowie großartigen Karikaturen samt kleinen Gemeinheiten.

Mit dem Quellgebiet der Krems ist die **Gföhler** Revolte des Jahres 1748 verbunden. Damals wurde der Ort durch einen Großbrand eingeäschert. Die Bewohner hatten alle Hände voll mit dem Wiederaufbau zu tun. Da traf es sich nicht gut, dass der Grundherr (ein Graf von Sinzendorf) die unbezahlte Fronarbeit willkürlich erhöhte. Diese war

Die Große Krems hat sich schnell ein kleines Tal geschaffen, wie hier in Armschlag.

Großreinprechts liegt im südlichen Zentralwaldviertel linksufrig über dem tiefen Tal der Großen Krems und ging aus einem Althof hochmittelalterlicher Besiedelung hervor.

Die Marktgemeinde Albrechtsberg an der Großen Krems wird von einer mächtigen Burg überragt. Die ebenso dominante Barockkirche war früher ein begehrtes Wallfahrtsziel.

Die legendäre Gföhler Revolte versuchte schon Jahre vor der Französischen Revolution, das Joch der Leibeigenschaft abzuschütteln. Sie war nicht erfolgreich, viele „Aufrührer“ durften jedoch für ein freies Leben in das Banat auswandern.

mit sogenannten Robot-Tagen definiert und umfasste jeweils zehn Tagesstunden. An diesen Tagen konnten sich die Einwohner nicht um ihre tägliche Arbeit zu Hause, geschweige denn die Feldarbeit kümmern. Verständlicherweise protestierten die Betroffenen vehement, worauf der Graf Verhaftungen durchführen ließ. In ihrer Not schafften es zwölf Ehefrauen als Delegation zu Kaiserin Maria Theresia. Diese wollte es sich mit dem adeligen Grundherrn nicht verderben und ordnete eine Ausweisung der „Rädelsführer" in den Banat an, den die jahrhundertelange Türkenherrschaft menschenleer gemordet hatte. Als daraufhin alle Bewohner in dieses Exil auswandern wollten, blockierte der Grundherr dies, da ihm seine leibeigenen Bauern abhandengekommen wären. Schließlich sprach die Kaiserin doch ein Machtwort – fortan durften in Österreich „nur" mehr 104 Frontage pro Jahr eingefordert werden, das heißt die Zahl unentgeltlich zu leistender Arbeitstage wurde auf ein Drittel des Jahres begrenzt. Dies war künftig das Limit, innerhalb dessen Grundherren ihre Bauern als Sklaven ausnutzen durften, bis ein Jahrhundert später die landesweite Bauernbefreiung dem ein Ende machte.

Das pompöse **Schloss Jaidhof** folgt im Grundriss einer barocken Ehrenhofanlage und ist außen drei- und hofseitig zweigeschossig angelegt. Ein dreifach gestufter Turmaufsatz mit einem kleinen Zwiebelhelm bestimmt die Baumitte. Im Baukern stammt das Schloss aus dem 17. Jahrhundert. Zahlreiche Schornsteine verweisen auf die früher übliche Einzelofen-Beheizung. Besitzer waren Bankiers und Unternehmer, die jeweils ihre architektonischen Vorstellungen verwirklichten. In den 1930er-Jahren entschädigungslos enteignet, diente das Schloss danach verschiedenen Zwecken, die der Bausubstanz nicht dienlich waren. Nach Abzug der Roten Armee wurde es von der ursprünglichen Besitzerfamilie zurückgekauft und schließlich 2003 der Pius-Priesterbruderschaft überschrieben. Seither fungiert es als deren Hauptquartier für alle Nachfolgestaaten der ehemaligen Donaumonarchie.

In Obermeisling steht die ehemalige Wehrkirche gut erhöht über einer breiten Flussschlinge der Krems. Seit romanischen Zeiten war an ihr gebaut worden. Heute gibt das Dachgebälk der größten Fledermauskolonie Niederösterreichs alljährliche Herberge.

Das pompöse Schloss Jaidhof ist heute das Hauptquartier der Pius-Priesterbruderschaft für alle Nachfolgestaaten der ehemaligen Donaumonarchie.

Schloss Rastbach liegt auf der Wasserscheide zur Krems.

Nöhagen liegt hoch über dem Kremstal auf einem längst gerodeten Hochplateau.

Gerade im Mittellauf ist die Krems von dichten Wäldern umgeben, so könnte das ganze Waldviertel zur Zeit der Landnahme ausgesehen haben.

Rodungsinsel bei Reichaubach in der Gemeinde Weinzierl, angrenzend an den Reichenbach, einen Nebenfluss der Krems.

Reichau ist eine kleine landwirtschaftliche Siedlung, die sich in das Tal des Reichaubaches duckt.

Rodungsinseln sind selbst nach einem Jahrtausend Siedlungsgeschichte immer noch allgegenwärtig, wie hier im Meislingeramt.

Mit der Burgruine Senftenberg endet das Waldviertel, das Kremstal geht mit anderen Schwerpunkten in das Donautal über.

Das südliche Waldviertel

Wie schon angesprochen, umreißen die Einzugsgebiete der Ysper und des Weitenbachs das südliche Waldviertel. Erstere wird „ispa“ ausgesprochen und daher auch manchmal gleich Isper geschrieben. Die Quelle der Ysper liegt in 980 Meter Meereshöhe am 1041 Meter hohen Weinsberg. Mit 750 Meter Höhenunterschied kommt der Fluss gleich zur Sache, allein 300 Meter davon komprimieren sich auf nur 1,2 Kilometer in der Ysperklamm. Die Kleine Ysper hat es schon frühen Siedlern angetan, was sich in einer Vielzahl von Sägen, Mühlen und Hammerwerken äußerte. Im Jahr 1695 gab es noch 52 Sägen, 13 Sägemühlen und zwei Hammerschmieden.

Das markante Naturschauspiel der Großen Ysper ist ein einzigartiges Alleinstellungsmerkmal der Ysperklamm. Der Weg durch die Klamm ist ein Erlebnis: Auf einen Schlag ist sämtlicher Zivilisationslärm ausgeblendet, es sind ausschließlich Naturgeräusche zu hören. Zudem kommt man aus dem Staunen über die scheinbar unbegrenzte Wassermenge nicht mehr heraus, die jede Minute abwärtsrauscht. Kaum vorstellbar, dass hier bis Ende der 1920er-Jahre noch Holztrift hinab zur Donau betrieben wurde. Dafür erscheint die Klamm heute gänzlich ungeeignet.

Erstmals wurde für die „Große Ysperschwemme“ 1599 ein künstlicher Schwemmteich aufgestaut, um

Die Kleine Ysper ist zwar nur 22,5 Kilometer lang, bringt es aber auf 22 Promille Gefälle, knapp 490 Meter Höhenunterschied – und besitzt herrlich naturnahe Ufer.

Seite 124 und 125: Der 34 Kilometer lange Weitenbach schafft einen phänomenalen Höhenunterscheid von 705 Metern, bevor er in der Donau aufgeht.

Im Einzugsgebiet des Klein-Ysper-Tals bestimmen Einzelhöfe das Landschaftsbild, wie hier im Loseneggeramt am Losenegger Bach.

Im Grenzgebiet zu Oberösterreich bestimmt im Yspertal Grünland-Bewirtschaftung das Landschaftsbild, wie hier im Stiegeramt.

mit dem ausgelösten Wasserschwall die einmetrigen Klafterscheiter zur Donau hinabzuschwemmen. Heute laden Sprüche wie „Spüren Sie die Kraft der Elemente Holz, Stein und Wasser" zum Erleben ein. Sie sind nicht übertrieben: Mächtige Granitformationen, gurgelnde Ysper-Wasser, schäumende Wasserfälle sind die Belohnung. Der „Waldviertler Canyon" vermittelt uns Natur, gibt uns Ruhe und Entspannung, aber genauso Kraft und Energie. Hier zeigt sich der lange Atem der Natur, in der sich ein Fluss schon seit Millionen Jahren seinen Weg durch Granit bahnt und das phänomenale Yspertal erschuf. Hier ermahnt uns die Ysper auf ihr Recht als Lebensraum, der vielen verschiedenen Lebewesen ein Zuhause bietet. Hier kann man Artenvielfalt erleben und mit einer vielleicht anderen Wertschätzung der Natur wieder herauskommen.

Der 34 Kilometer lange Weitenbach als zweiter Charakterfluss der Unterregion hat mit 218 Quadratkilometern ein rund 50 Prozent größeres Einzugsgebiet als die benachbarte Ysper. Trotz seiner Quelle in 950 Meter Meereshöhe kommt er ohne Klamm aus, fällt aber im kurzen Hölltal ebenfalls rund 200 Höhenmeter herab. Im Mündungsbereich hat ihm das Donaukraftwerk Melk einen ehemaligen Seitenarm der Donau zugewiesen, bevor er in der Donau aufgehen kann.

Der Markt **Pöggstall** am Oberlauf des Weitenbachs mit seinen 2400 Einwohnern wird als das „Meran des Waldviertels" bezeichnet. Der Ort hatte

Die barocke Pfarrkirche Pisching steht in Sichtweite der Großen Ysper leicht erhöht inmitten der Ortschaft. Sie wurde ab 1735 erbaut, 1840 kam der Turm hinzu.

Die Große Ysper hat schnell ein tiefes Tal geschaffen, was bei 750 Meter Höhenunterschied auch kein Wunder ist. Die Option einer Wasserkraftnutzung hat immer wieder Kleinstsiedlungen hervorgebracht, wie hier im Urthaleramt.

Die Marktgemeinde Yspertal ist das erste größere Siedlungskonglomerat an der Großen Ysper. Die Pfarrkirche St. Lorenz wurde kurz vor 1900 neugotisch umgestaltet.

St. Oswald liegt hoch über der Großen Ysper. Der Kirchenstandort hat im Hochmittelalter geschickt eine Geländeerhebung als Wehrkirche ausgenutzt.

Der Zusammenfluss von Großer und Kleiner Ysper ist im tief eingeschnittenen Tal aus der Luft kaum auszumachen.

Kurz vor der Mündung in die Donau hat sich die Ysper einen kleinen Talboden geschaffen.

im Spätmittelalter Marktrecht, die Nähe zur Donau war ein guter Standortvorteil. So verdreifachte sich die Häuserzahl zwischen 1450 und 1628. Das Schloss war ursprünglich als frühgotische Wasserburg angelegt und zeigt sich mit seinem markanten Kanonenrondell von einer wehrhaften Seite. Dieser Rundbau um einen Innenhof demonstriert pure Renaissance. Zu dieser Zeit hatten Schießpulver und immer weiter verbesserte Kanonen Burgen zunehmend schutzlos gemacht, auch immer dickere Mauern waren schließlich wehrtechnisch keine Lösung mehr. Viele Bastionen wurden fortan zu „festen" Schlössern, die auf symbolische Wehrhaftigkeit und immer mehr architektonische Finessen setzten.

Sankt Anna im Felde ist eine abseits gelegene spätgotische Hallenkirche außerhalb Pöggstalls. Ihre einsame Lage gibt ihr ein Alleinstellungsmerkmal. Hier in „Pehstal" hätte im Hochmittelalter ein Filialkloster Kremsmünsters entstehen sollen, immerhin war um 1300 eine selbstständige Pfarre etabliert. Das Kircheninnere beherbergt viele spätgotische Epitaphe, ein besonders bizarres geht auf die 1541 verstorbene Anna Gold zurück, Auftraggeber war wohl der Ehemann als Verwalter des Schlosses. Verschiedene Tiere nehmen dabei Besitz vom stilisierten Leichnam, eine Schlange kriecht durch den Totenkopf, Kröten krabbeln an der Toten hinauf. Bald darauf kehrte für sieben Jahrzehnte die Reformation ein. 1810 wurde die Kirche schließlich ganz aufgegeben und sukzessive als Baumateriallager ausgeschlachtet. 1953 begann die Wiederinstandsetzung, viele private Spendengelder retteten das historische Kleinod.

Das historische Ensemble in Pöggstall ist einmalig: Schloss, Rondell und Pfarrkirche bilden eine bauliche Einheit.

Die spätgotische Hallenkirche St. Anna im Felde in der Gemeinde Pöggstall steht heute einsam in der Flur, wurde aber als Schloss- und Begräbniskirche errichtet. Die Gotik ist bestens erhalten, der prächtige Flügelaltar aus dem Jahr 1490 stammt aus den letzten Hochjahren der Gotik.

Aufsteigendes Tal zum Waldviertel mit der kleinen Siedlung Afterbach nordöstlich von Pöggstall an einem Nebenfluss des Weitenbachs.

Martinsberg ist eine Marktgemeinde mit einem sprechenden Wappen (das Schwert teilt den Mantel). Das Gemeindegebiet war bereits 1135 als Schenkung in den Stiftungsbüchern des Klosters Kremsmünster als Prumste gelistet.

Die majestätische Wallfahrtskirche **Maria Taferl** erhebt sich in nordöstlicher Sichtweite hoch über das nördliche Donauufer. Der bedeutende Wallfahrtsort ist weithin vom Süden sichtbar, sozusagen als unübersehbare Manifestation katholischen Glaubens auf dem Hauptverkehrsweg der Donau. Im Inneren befinden sich viele Inschriften von dankbaren Menschen, die in ihrer Not am Wallfahrtsort neuen Mut (und Heilung) fanden. Anlässe dafür gab es leider genug. Zwei Türkeninvasionen sowie der Dreißigjährige Krieg sind nur die schlimmsten Beispiele nationaler Katastrophen, ohne auf die vielen individuellen Schicksalsschläge einzugehen. Allein aus dem Jahr 1760 wird von 700 Prozessionen und über 19.000 bezahlten Messen berichtet.

Die kleine Gemeinde **St. Oswald** kommt ganz nah an den Ostarrichi-Rekord Österreichs: Wurde diese „Geburtsurkunde" Österreichs 996 ausgestellt, überschrieb nur zwei Jahre später Kaiser Otto III. (980–1002) seinem Vetter Herzog Heinrich von Bayern (973–1024) das Eigengut Nochilinga. Dieses Land umspannte die heutigen Gemeindegebiete von Dorfstetten, Nöchling, St. Oswald und Yspertal. Natürlich waren auch andere Flächen der Region schon besiedelt, in der Schenkungsurkunde ist von Feldern, Gebäuden und Mühlen die Rede. Dass Urkunden aus dieser Zeit überlebt haben, ist verwunderlich, schließlich waren die gut 1000 Jahre seither alles andere als Jahre des Friedens.

Über all die Jahrhunderte gehörte das Waldviertel zum Bistum Passau, erst 1783 wurde ein nationaler Schlussstrich gezogen. Aus dieser Zeit wissen wir daher auch über die Einkommensverhältnisse von Pfarrern (600 Gulden pro Jahr), Kaplänen (350 Gulden) oder Kooperatoren (250 Gulden). Zum Vergleich: Ein Malergeselle verdiente im Jahr 60 Gulden. In einer vorsichtigen Umrechnung auf heute könnte ein Gulden auf 24 Euro kommen, das Jahresgehalt eines Pfarrers lag demnach knapp unter 15.000 Euro.

Schloss **Artstetten** ist mit dem Schicksal des Thronfolgers Erzherzog Franz Ferdinand von Österreich-Este (1863–1914) verbunden. Nachdem sich der eigentliche Thronfolger aus Liebeskummer selbst gerichtet hatte, war er als Neffe des regierenden Kaisers in der Thronfolge aufgerückt. Allerdings heiratete er nach dem damaligen Dafürhalten nicht standesgemäß, wodurch ihm die letzte Ruhestätte der Habsburger in der Wiener Kapuzinergruft verwehrt war. Daher ließ Franz Ferdinand für sich und seine Frau im Schloss Artstetten eine eigene Familiengruft errichten. Nur vier Jahre nach deren Fertigstellung wurde das Paar in Sarajevo von einem nationalistischen Attentäter erschossen, was der leidige Startschuss des Ersten Weltkrieges war.

Die Ruine Mollenburg mit ihrer revitalisierten Vorburg (Gemeinde Weiten) wurde 1860 Opfer der Wiener Dachsteuer. Aus steuerlichen Gründen wurde in der Folge der Dachstuhl abgetragen, alle brauchbaren Teile verkaufte man.

Die Wallfahrtskirche Maria Taferl thront hoch über der Donau und kann mit guter Berechtigung bereits dem großen österreichischen Strom zugeordnet werden.

Schloss Artstetten hat sich einen herrlichen Bauplatz hoch über der Donau ausgesucht. Seit 1982 beherbergt es das Erzherzog-Franz-Ferdinand-Museum und bereitet in regelmäßigen Ausstellungen herrschaftliche Themen, aber auch Alltägliches auf.

Schloss Leiben ist heute ein Landtechnikmuseum, das sich landwirtschaftlichen Zugmaschinen ab 1910 samt Zubehör widmet. Die offizielle Bezeichnung lautet „Österreichisches Landwirtschaftsmuseum Europaschloss Leiben“.

Natur- und Umweltschutz

Im Waldviertel ist Heimat der geborene Moderator für selten gewordene Heimat-Diskussionsrunden. Hier ist Heimat zu Hause und kein loser Kampfbegriff aller möglichen entwurzelten Gesellschaftsverweigerer, unabhängig davon, in welchen Farbtopf sie gefallen sein mögen. Auch Folklore-Touristiker wollen Heimat in griffige Sinnsprüche kleiden. Dort ist man geboren, dort sind alle Ahnen begraben, dort ist man aufgewachsen und wurde geprägt, dort hat man einmalige Wurzeln geschlagen. Bäume versetzt man nun mal nicht. Die allgegenwärtige Amerikanisierung unseres Lebens mag zwar Wurzeln für überflüssig halten, zieht doch jeder US-Amerikaner statistisch gesehen in seinem Leben sieben- bis achtmal um. Alte Wurzeln deshalb abzuwerten, ist in diesem Kontext ein sehr durchsichtiges Manöver. Wurzeln geben uns einen sicheren Halt, sie geben uns Heimat.

Heimat und Naturschutz gehören zusammen, Naturschutz ist Heimatschutz; er braucht Nachhaltigkeit. Obrigkeiten hängen zu leicht am Gängelband des Geldes, wenn sich nicht sehr breite demokratische Überzeugungsmehrheiten dagegenstemmen. Politik möchte schließlich wiedergewählt werden. Auch zwangsfinanzierte Wasserträger unterlassen kaum ihr Marktgeschrei, wofür angeblich alternativlos Natur verbraucht werden muss. Geldscheinwedelnde Investoren sollten Natur nicht wie selbstverständlich verprassen dürfen, die Geld- und Kultur-Bourgeoisie braucht strikte demokratische Kontrolle. Europa wird aber die Kurve hinbekommen, vertrauen wir Charles Darwin (1809–1882): „Alles, was gegen die Natur ist, hat auf Dauer keinen Bestand." So viel Hoffnung muss sein, auch wenn Politiker immer wieder inhaltlich flache Diskussionen lostreten. Die Hoffnung der Natur ruht auf uns, unsere Unterstützung ist gefragt.

Das grüne Waldviertel baut auf Wasser, gottlob nehmen wir daher Flüsse seit den 1970er-Jahren wieder ernst und lassen sie nicht mehr zur Kloake verkommen. Wir dürfen heute nicht mehr Brunnenvergifter sein, unser Paradigmenwechsel hat konsequent stattgefunden: Heutzutage ist jeder mitteleuropäische Fluss dort, wo notwendig, durch Kläranlagen geschützt, kein Abwasser darf noch ungeklärt eingeleitet werden, zumindest nicht legal. Die Älteren unter uns werden sich noch an die leidigen Auseinandersetzungen erinnern, die Millionen Arbeitsplätze auf dem Altar solcher Umweltschutzmaßnahmen im ewigen Feuer sahen. Drastische Wortwahl war üblich, die Schreibvorgaben vieler Redakteure boten nur wenig Freiräume. „Wes Brot ich ess, des Lied ich sing." Wir haben es dennoch geschafft! Die Natur ist wieder Herrin über das Wasser geworden, auch wenn sie noch lange an der Beseitigung des Schlamassels wird arbeiten müssen.

Moore und das Waldviertel gehörten lange in einem Atemzug zusammen. Viele wurden im Lauf der Jahrhunderte der Natur abgerungen. Man machte sie einerseits zu Kulturland, verheizte sie aber auch schlicht, was man im waldreichen Waldviertel vielleicht nicht so banal erwarten würde. Entstanden sind sie alle seit der letzten Eiszeit, als mineralstoffarme, meist saure Gewässer langsam verlandeten. Immer waren Torfmoose der Gattung Sphagnum die Baumeister. Im Lauf der Jahrtausende bildeten sich oft metertiefe Torflagen. Ohne feste Verbindung zum mineralischen Untergrund sind sie auf Regen-

Seite 136 und 137: Das Waldviertel neigt mit seinem oft moorigen Untergrund zu romantischen Morgennebeln.

wasser (und Luftstaub) angewiesen. Torfmoose müssen regelmäßig Trockenzeiten überstehen und dabei mit geringsten Konzentrationen an Nahrung auskommen. Ihr Mittel der Wahl ist ein saures Milieu, was Konkurrenz behindert und so eine Nische fürs eigene Überleben belässt. Torfmoose können praktisch unbegrenzt wachsen, während ihre Basis sukzessive zu Torf wird. Bei Niederschlägen können sie bis zum 30-Fachen ihrer Trockenmasse an Wasser aufnehmen und bevorraten. Moore machen die Kernbausteine der vielen Naturparks aus, was wegen ihrer Treibhausgasrelevanz allgemein akzeptiert ist. Sieben Prozent aller CO_2-Emissionen kommen aus trockengelegten Feuchtgebieten. Diesen menschengemachten Klimafrevel rückgängig zu machen, ist eine Mammutaufgabe, zumal nur wenige Moorflächen überhaupt noch intakt sind. Die Allparteienkoalitionen mit ihrem Prinzip „Mach dir die Erde untertan" haben ganze Arbeit geleistet und sich vom allgemeinen Steuerkuchen fürstlich entlohnen lassen; hier wurde Lobbyarbeit vom Feinsten abgeliefert. Nur mehr drei Prozent der globalen Fläche sind naturbelassen, es wurde also höchste Zeit, das Massakrieren der Moore zu stoppen und sie wieder zu aktiven CO_2-Senken werden zu lassen. Lokaler Klimaschutz hat also viel zu tun. Alle Entwässerungen wurden in der Vergangenheit von staatlichen Stellen vorangetrieben, anders wären sie nicht finanzierbar gewesen. Heute muss die Obrigkeit wieder ran, damit nicht wieder eine unterfinanzierte Stadtliga gegen die überfinanzierte Premium League der Lobbyisten auf dem Platz ist. Fazit: Wir müssen mehr tun!

Truppenübungsplätze sind heute effektive Naturschutzzonen. Störungen etwa durch die Landwirtschaft oder versiegelnde Siedlungsdichten fallen weg. Nicht umsonst bekam die ehemalige DDR auf einen Schlag viele Nationalparks, nachdem die Rote Armee ihre Übungsplätze geräumt hatte. Auch in Allentsteig scheint die Naturwelt in Ordnung zu sein. Vor acht Jahrzehnten gab es hier schließlich noch keinen Einsatz von Kunstdünger und chemischen Spritzmitteln im Übermaß. Als „Important

Nach fast neun Jahrzehnten sind am Truppenübungsplatz Allentsteig immer noch Ruinen zu sehen, trotz regelmäßigen Übungsbetriebs zunächst der Wehrmacht, dann der Roten Armee und schließlich des Bundesheers.

Auch im Waldviertel haben die trockenen Sommer der vergangenen Jahre einigen Fichten die Grenzen aufgezeigt. Solch kleine Totholzinseln kann der umgebende Wald aber durch Sukzession auffangen.

Bird Area" ausgewiesen, brüten hier viele sonst seltene Arten offener und strukturierter Landschaften. Ob Sperbergrasmücke, Wendehals, Karmingimpel, Schwarzkehlchen, Braunkehlchen, Heidelerche oder Feldschwirl, Ornithologen geraten immer ins Schwärmen. Wenn die Hälfte der Wachtelkönige Österreichs hier brütet, ist dies eine gute Nachricht für den Naturschutz, aber eine schlechte für die ruinierte Natur außerhalb des Platzes. Hier brüten Seeadler, Durchzugsarten sind Wiesenweihe, Rohrweihe, Schreiadler, Schelladler, Schlangenadler, Steinadler, Östlicher Kaiseradler oder Zwergadler. Hier bietet die Natur solide Trittsteine.

Das Waldviertel hat zwar angesichts der moderaten Zahl an ökologischen Fußabdrücken nur marginal zum Klimawandel beigetragen, dennoch werden alle Auswirkungen voll einschlagen. Die globale Mitteltemperatur liegt bereits 1,45 Grad Celsius über dem Mittelwert des Zeitraums von 1850 und 1900 (dies bezieht sich also nicht einmal auf die vorindustrielle Zeit). Interessierte Kreise reden der technologischen Beherrschbarkeit der Klimawandelfolgen das Wort, Strohhalmverbote oder Ankündigungspolitik sollen persönliche Konsequenzen überflüssig machen. Was heißt die gerade wieder einmal ausgerufene „Alarmstufe Rot" also für das Waldviertel? Natürlich wird im Winter weniger Schneeräumen fällig, und winterlicher Straßenverkehr wird einfacher werden, auf der anderen Seite wird die Biodiversität drastisch einbrechen. Die Landwirtschaft könnte ein Gewinner sein, ohne an Bestbedingungen anderer Standorte aufschließen zu können. Für eine Gesellschaft ist aber immer die Gesamtheit aller Verluste und Gewinne wichtig. Und hier stehen die Signale fast allesamt nicht da, wo sie sein sollten.

Waldsterben und Waldviertel waren eine Zeit lang auf dem besten Weg, unfreiwillige Zwillinge zu werden. Es ist aber gut gegangen. Ökologie ist mehr, als gesunde und kranke Bäume zu zählen. Ein deskriptives Abfragen von Gegebenheiten ist allenfalls die Vorstufe guter Wissenschaft, danach

Die Rodungsinsel Altmelon (Ortsteil Dietrichsbach), direkt an der Landesgrenze zu Oberösterreich, ist seit Jahrhunderten Heimat eines Einzelhofs. Heute hat ein Jagdhof übernommen und bietet Freude an Jagd und Naturnähe.

fängt die kreativ forschende Deutungsarbeit erst an. Daher hat es auch lange gedauert, bis jenseits der reinen Baumzählerei fundierte Forschung in Gang kam. Forschungsanträge mussten oft kreativ sein, bis man wirklich an Gelder kam. Ein deutscher Antrag hatte sich beispielsweise für den Titel „Waldsterben. Und ewig sterben die Wälder" entschieden – in Anspielung auf den 1933 erschienenen Roman „Und ewig singen die Wälder" von Trygve Emanuel Gulbranssen (1894–1962). Politik und Öffentlichkeit wollen ja immer sofort Antworten und möglichst gleich ein billiges Rezept dazu. Immissionsbedingte Waldschäden sind aber komplex und haben sich zudem nicht erst seit gestern hochgeschaukelt. Multikausale Ursachenforschung klingt kompliziert – und ist es auch. Liegen viele Ursachen vor, ist eine Eingrenzung auf einzelne davon schwierig genug. Ohne eine solche ist aber eine gezielte Abhilfe oft nur Kaffeesatzleserei, zumal wir es immer noch als unser Recht ansehen, alles Mögliche weitgehend straflos in die Luft pusten zu dürfen. Mülldeponien und Wasserverschmutzung haben wir in mühsamen politischen Entscheidungsprozessen endlich langsam in den Griff bekommen: Wann schaffen wir bei der Luft diesen Paradigmenwechsel?

Dass der Naturschutz aneckt, gehört zur Jobbeschreibung. Mehrheiten für einen nachhaltigen Schutz der Natur kommen nicht über Oberlehrer-Aktionen zustande. Innere Überzeugung und intrinsische Motivation müssen die Triebfedern sein, unseren ständigen Naturfraß aufzuhalten. Naturschutz muss endlich selbstbewusst proaktiv gesellschaftlich Stellung beziehen dürfen. Naturfraß-Fanatiker sollten ihre Bestechungsmillionen nicht weiter ungestraft unters Volk streuen dürfen, Naturschutz sollte nicht weiter brav über jedes Wirtschaftsstöckchen hüpfen. Naturschutz braucht leidenschaftliche Kämpfer wie frühere Vollblutpolitiker, die noch Mut zur eigenen Meinung hatten und nicht Wetterfahnen im Umfragen-Opportunismus waren. Heute tanzt angepasste Politik zu oft geschmeidig auf einem Quadratmeter politisch korrekter Mitte Menuette der medialen Selbstbestätigung. Biologen und Ökologen sind aber alles andere als konzertierte Kämpfer und gehen der Wachstumszaubersekte zudem immer wieder auf den Honigleim. Naturschutz arbeitet sich derweil viel zu oft noch in verbissenem Klein-Klein auf. Grüne Gouvernanten mit medialen Lufthoheiten bringen keine demokratischen Mehrheiten zusammen, sondern lassen den Naturschutz viel zu oft in einer sich selbst erfüllenden Schweige-Schimpf-Spirale gefangen. Next Exit: Exitus! Oder: Ende gut, gar nichts gut!

Das Goldene Kalb des ewigen Wirtschaftswachstums war im Hase-Igel-Spiel immer vorher da, Geld gewinnt schließlich immer. Ein passendes Buch dazu wäre „Don Quijote" mit seiner abgrundtiefen Kluft zwischen Selbstwahrnehmung und Fremdbild, wenn grandiose Selbsttäuschung noch gewinnen will. Das mit dem Naturschutz verfolgte Ziel ist es, die Natur ernsthaft zu schützen – aber gleichzeitig als Missionar der politischen Korrektheit zu glänzen. Wenn es wirklich hart auf hart kommt, sind Wohlstandswahrung oder drohende Arbeitsplatzverluste die üblichen Nebelkerzen, den Naturschutz wirksam zu mobben. Naturfraß hat bislang noch immer gewonnen. Allein in Österreich werden pro Tag 11,3 Hektar Fläche neu in Anspruch genommen, davon wird etwa die Hälfte (5,5 Hektar) versiegelt. Laut WWF-Statistik wird alle zehn Jahre die Fläche Wiens neu verbaut, auf die einzelne Minute umgerechnet sind das skandalöse 100 Quadratmeter landesweiter Bodenverbrauch. Der versprochene Zielwert liegt heute bei 2,5 Hektar pro Tag, was allerdings schon 2002 einmal für 2010 versprochen worden war. Die Einpeitscher des Flächenverbrauchs kommunizieren weiterhin Grenzen als unzumutbar. Man stelle sich das Geschrei dieser Wirtschaftsvertreter vor, wenn der Natur täglich 11,5 Hektar zurückgegeben werden müssten, und zwar über viele Jahrzehnte hinweg. Wachstumsfana-

Eine Landnutzung im Waldviertel sieht für die Hochflächen kleinteilige Feld- wie Wiesennutzung vor, während dem Wald die Talhänge bleiben.

Im Oberlauf darf der Große Kamp noch alle seine Mäander ausspielen.

Die Grundstücksgrenzen sind meist kleinteilig sichtbar. Offenbar sind aber einzelne Parzellen zaghaft zu leicht größeren Einheiten zusammengelegt.

Viele Grenzraine sind historisch gewachsen und folgen keinem geometrischen Vermessungsdenken.

Einem kleinen namenlosen Bach erlaubt man im Waldviertel, dass Grundstücksgrenzen und Wege ihm zu folgen haben.

Die Felder und Wiesen fransen immer wieder in den Wald aus, ökologische Vielfalt scheint hier gepachtet zu sein.

Derart parallele Parzellen lassen Realteilungen in der früheren Vergangenheit vermuten.

Selbst in den Rodungsflächen hat der Wald das Waldviertel nicht ganz verlassen. Er konnte sich immer behaupten und bietet große ökologische Stabilität.

Handtuchschmale Flurstücke aus diversen Realteilungen sind nicht selten im Waldviertel.

Wald und Felder bilden keine geraden Grenzlinien ab und erlauben so eine gute ökologische Interaktion.

tiker würden so von den Folgen ihres Treibens überrannt wie der sprichwörtliche Zauberlehrling vom Besen des Meisters. Sozusagen ein Scheitern mit Ansage. Warum nicht auf Friedensreich Hundertwasser hören? „Wenn man vor dem Abgrund steht, dann ist Rückschritt ein Fortschritt."

Naturschutz ist Lebensraumschutz, das Waldviertel steht im Landesvergleich nicht schlecht da. Inzwischen sind mehrere Tier- und Pflanzenarten zurückgekommen, um zu bleiben. Essenzielle Voraussetzung hierfür ist der Schutz von Naturflächen, die nahezu alle entlang von Flüssen zu finden sind. Das Waldviertel bietet kilometerlange naturbelassene Wasserbänder, die gleichzeitig freizügige Spendergebiete für das jeweilige Umland sind. Niederösterreich hat 36 Europaschutzgebiete, das Waldviertel trägt mehr als ein proportionales Scherflein dazu bei. Es gelten sogenannte Verschlechterungsverbote. Hier kann das Miteinander von Natur und Wirtschaft noch am ehesten gewinnen. Es wird nicht immer und überall eine Lösung geben, aber sicher öfter als im Landesdurchschnitt.

Trotz großer Waldflächen ist das Waldviertel kein Luchsland. Das könnte es aber durchaus wieder werden, obwohl schon der Terminus Luchserwartungsland nicht bei allen Freude auslöst. In viel zu vielen Köpfen geistert nach wie vor das Denken vergangener Jahrhunderte herum, als sich Jäger noch als Helden feiern ließen, wenn sie einen toten Luchs heimbrachten. Damals wurde der Luchs als Nahrungskonkurrent gesehen. So emotional heutzutage Diskussionen auch geführt werden, sie zeigen dennoch einen wohltuenden Paradigmenwechsel. Niemand klopft einem für einen toten Luchs noch auf die Schulter. Wir haben als Gesellschaft viel gelernt, auch wenn Einzelne noch hart an sich arbeiten müssen. Als größte Katze Europas hat der Luchs (Lynx lynx) den jahrhundertelangen Vernichtungsfeldzug in den dünner besiedelten Regionen Osteuropas überdauert. Schon aus Entfernungsgründen wurde daher in den 1970er-Jahren mit Wiederansiedelungsprogrammen nachgeholfen, zunächst im heutigen Nationalpark Kalkalpen und in den entsiedelten bayerisch-böhmischen Grenzgebieten. Mittels Genanalysen konnte man beispielsweise einen im Jahr 2023 im Waldviertel „geblitzten" Luchs als ein 2022 beim böhmischen Krumau geborenes Jungtier identifizieren. Zwar kann auch die illegale Bejagung große Probleme mit sich bringen, Lebensraumzerstückelung und fehlende Flächen jenseits intensiver Landwirtschaftsnutzung sind aber die Hauptknackpunkte. Fragmentierung erschwert den Genaustausch, was vor allem das Damoklesschwert bei Wiederbesiedelungen darstellt. Dennoch könnte der Luchs zurückgekommen sein, um zu bleiben.

Mindestens ebenso emotional wird im Waldviertel die Wolfdebatte geführt. Dabei war seine Rückkehr nur eine Frage der Zeit. Jäger und Landwirte klagen über Wolfrisse und eine spürbare Präsenz des Wolfs. Die „Initiative Wolfstopp" fordert lautstark eine wirksame Regulierung der Wolfszahlen. So weit, so bekannt. Eine Wolfsverordnung regelt daher heute alle Maßnahmen, die den Wolf betreffen, einschließlich einer Verordnung zum Jagdgesetz. Betroffene Bauern werden entschädigt, Abschüsse müssen behördlich angeordnet werden, Vergrämungen mittels Schreckschüssen sind erlaubt. Das erste Rudel tappte 2016 in Allentsteig in eine Fotofalle, die Elterntiere stammten aus der zentraleuropäischen Flachlandpopulation. Seither ist das Waldviertel (zusammen mit den Alpen) Wolfsland, österreichweit sind 105 Wölfe gelistet. Unsere Gesellschaft sollte sich also wieder an den Wolf gewöhnen und sich von Grimms Märchen emanzipieren. Das wird gelingen.

Von offizieller Seite wird Naturfraß als „Flächeninanspruchnahme" verniedlicht. Diese ist seit 2001 um phänomenale 27 Prozent angestiegen. Flächenverbrauch hat immer etwas mit Einwohnerzahlen zu tun. Österreich leistet sich gut 109 Einwohner pro Quadratkilometer (Stand 2021), hätte aber deutlich weniger, hätte man den Wirtschaftsetagen ihre ideologische Migrationsbesessenheit ausgetrie-

Granit und Gneis bilden die geologische Grundlage des Waldviertels, die in manchen Steinbrüchen wirtschaftlich verwertet wird.

ben. Unsere Obrigkeitsmärchenonkel dröhnen uns lieber mit wohligen Gutenachtgeschichten voll, ganz so, als ob es kein Skandinavien gäbe, wo Bevölkerungsdichten unter 20 pro Quadratkilometer niemanden in Armut stürzen, ganz im Gegenteil: Warum wohl ist Finnland 2025, wie bereits erwähnt, laut „World Happiness Report" zum achten Mal in Folge wieder das glücklichste Land der Welt geworden? Österreich ist in diesem Ranking von Rang 14 auf Platz 17 abgerutscht, Deutschland befindet sich gar auf Platz 22 (wohlgemerkt bei vergleichbarem Volkseinkommen, jeweils auf Einwohnerzahlen heruntergerechnet). Für Schlepperbanden sind ökologische Fußabdrücke letztlich immer nur lästige Kaffeeflecken am Tischtuch, und Obrigkeiten lieben stets höhere Kopfzahlen, auch wenn uns Edward Abbey (1927–1989) im fernen Kalifornien schon früh schonungslos den Spiegel vorhielt: „Growth for the sake of growth is the ideology of the cancer cell." Am Krebs stirbt man bekanntlich. Wer also soll unsere Obrigkeit erden und ihr die notorische Kleptomanie endlich austreiben, wenn nicht wir? Wir wissen seit Langem, was zu tun ist. Packen wir es endlich an, das Waldviertel hat es verdient.

Vor allem am südlichen Rand des Waldviertels sind die Felder deutlich größer.

Auch das bietet das Waldviertel: Hunderte Gänse wachsen den ganzen Sommer und Herbst über im Freiland heran.

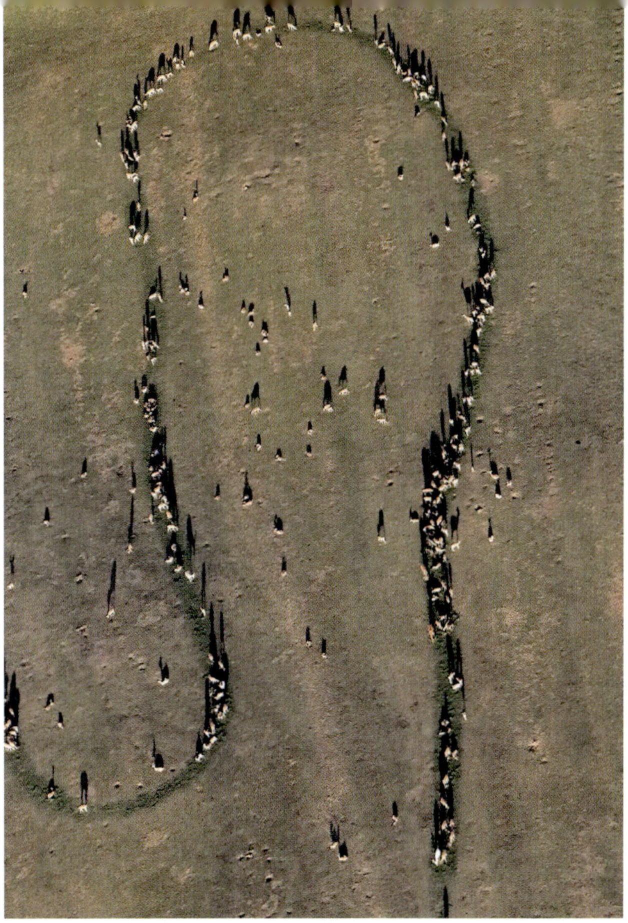

Irgendwie scheinen die Einzeltiere der Damhirsch-Herde einem heimlichen Befehl zu folgen, wenn sie ihre Prozession durchführen.

Selbst im ländlichen Waldviertel ist ein Bedarf von Kleingärten gegeben, wie hier in der Kamptalstraße von Zwettl.

Der lange Rückstau des Kamp hat in der Stauwurzel immer wieder kleine, isolierte Inseln geschaffen.

Die Oberläufe der Flüsse (wie hier der Kamp bei Zwettl) werden von großen Waldgebieten konstant mit Quellwasser versorgt.

Die Fjordlandschaft des Rückstaus hat im Kamp immer wieder Inseln entstehen lassen, die vorher nur Erhebungen im tiefen Tal waren.

Die Kamptalbahn brachte ab 1889 das Kamptal näher an die Wiener Metropole heran und wurde zu Sommerfrische-Zeiten zur „Busserlbahn“ (hier ein Abschnitt zwischen Altenhof und Plank).

Das Pfadfinderlager „Woidla 2024“ in Waldreichs war im August 2024 bestens besucht, wie allein schon die Zahl der aufgestellten Zelte zeigt.

Die Freizeitnutzung folgte dem Staudammbau, wie hier mit dem Campingplatz Lichtenfels am Stausee Ottenstein.

Natürlich ist Holz ein wichtiges Thema im Waldviertel, schließlich wächst jedes Jahr Jahresring um Jahresring heran und bringt den Eigentümern bares Geld ins Haus.

Ortsbild-Register

Aus dem Verlagsprogramm

Verschwundenes Waldviertel

Über Greißler und Wirtshäuser, Textilfabriken und Mühlen, Kinos und Bahnhöfe sowie Grenzen, die es nicht mehr gibt. Von János Kalmár, Reinhard Linke und Christoph Mayer

23,5 x 20 cm. 140 Seiten mit zahlreichen Fotografien. Hardcover.
ISBN 978-3-9504720-7-3

„Hier handelt es sich aber um kein Nostalgie-Buch im herkömmlichen Sinn, sondern eher um einen dokumentarischen Streifzug durch die Zeitgeschichte einer Region. Den offenkundigen Zeichen des Strukturwandels wohnt selbst in ihren Erscheinungen als heruntergekommene industrielle Baudenkmäler auch eine gewisse Schönheit inne, meinen die Autoren schon im Vorwort. Das bewahrheitet sich in den höchst ästhetischen Fotografien Kalmárs."
Karin Widhalm, Niederösterreichische Nachrichten

„Für Leser, denen das Waldviertel nicht so vertraut ist, stellt der Bildband einen Born des Wissens dar. Wir lernen Aalfang kennen – tatsächlich! –, Alt-Nagelberg, aber auch Brand-Nagelberg, Grametten, Hirschbach, Kleedorf und wie die kleinen Ortschaften noch heißen mögen (sie befinden sich im Bezirk Gmünd). Es sind zauberhafte Namen dabei, und bemerkenswerte Fotos, die die Zeit festhalten, die hier stillzustehen scheint: ein Hydrant in Rappoltschlag bei Waldhausen, eine alte Pumpe in Haimschlag nahe Echsenbach … Dankbar begleiten wir die Autoren auf ihrer unermüdlichen Suche nach Fotomotiven, die den Charakter dieser niederösterreichischen Landschaft ausdrücken."
Hans Werner Scheidl, Die Presse

W-H EDITION WINKLER-HERMADEN

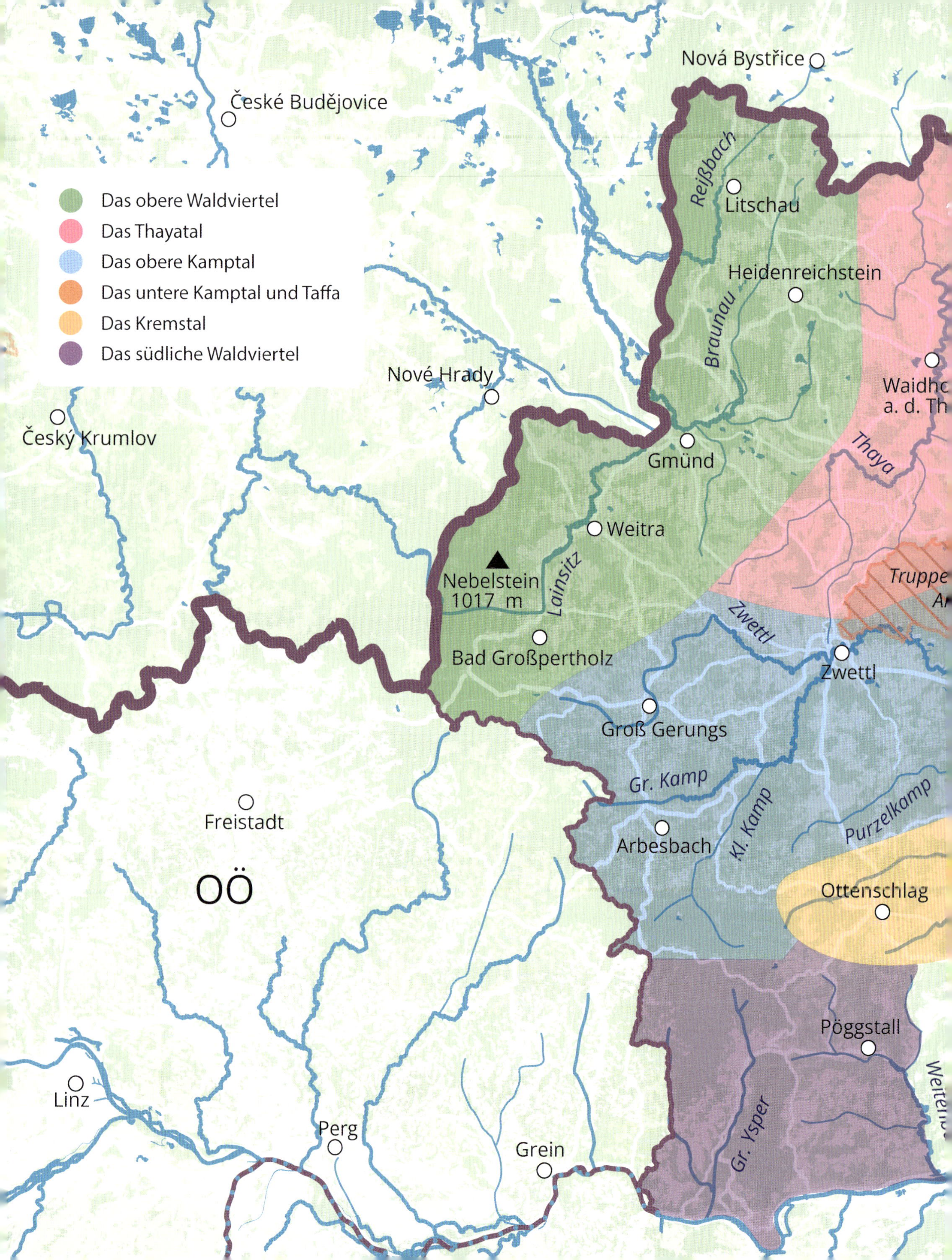

Das obere Waldviertel
Das Thayatal
Das obere Kamptal
Das untere Kamptal und Taffa
Das Kremstal
Das südliche Waldviertel
České Budějovice
Nová Bystřice
Nové Hrady
Český Krumlov
Reißbach
Litschau
Heidenreichstein
Braunau
Gmünd
Thaya
Weitra
Nebelstein
1017 m
Lainsitz
Bad Großpertholz
Zwettl
Zwettl
Groß Gerungs
Gr. Kamp
Kl. Kamp
Arbesbach
Purzelkamp
Ottenschlag
Freistadt
OÖ
Pöggstall
Gr. Ysper
Linz
Perg
Grein